电工学与电子技术
实验教程

主　编：韩太林　陈　宇　唐雁峰
李洪祚

副主编：崔　炜　蔡立娟　张　瑜
杨　波　赵秋娣　孟庆东
王义君　程志刚

北京理工大学出版社
BEIJING INSTITUTE OF TECHNOLOGY PRESS

图书在版编目（CIP）数据

电工学与电子技术实验教程／韩太林等主编．—北京：北京理工大学出版社，2013.12（2020.7重印）

ISBN 978-7-5640-8527-8

Ⅰ.①电…　Ⅱ.①韩…　Ⅲ.①电工实验-高等学校-教材②电子技术-实验-高等学校-教材　Ⅳ.①TM-33②TN-33

中国版本图书馆CIP数据核字（2013）第266912号

出版发行／北京理工大学出版社有限责任公司
社　　址／北京市海淀区中关村南大街5号
邮　　编／100081
电　　话／（010）68914775（总编室）
　　　　　82562903（教材售后服务热线）
　　　　　68948351（其他图书服务热线）
网　　址／http：//www.bitpress.com.cn
经　　销／全国各地新华书店
印　　刷／北京虎彩文化传播有限公司
开　　本／710毫米×1000毫米　1/16
印　　张／8
字　　数／135千字
版　　次／2013年12月第1版　2020年7月第7次印刷
定　　价／28.00元

责任编辑／李炳泉
文案编辑／李炳泉
责任校对／周瑞红
责任印制／李志强

图书出现印装质量问题，请拨打售后服务热线，本社负责调换

前　言

本书是为高等院校非电类专业开设电工电子学实验而编写的实验教学用书。本书参考了长春理工大学以往的电工电子学实验指导书，并在此基础上结合当前电工电子学教学内容的改革、实验手段的更新和电工电子新技术的发展，对实验内容和实验手段做了较大幅度地调整和更新。

本书侧重科学实验方法的学习，加强基本电工实验技能的训练，强化对现代电气工程实验技术的理解，强调学生在整个实验过程中的参与。书中选编了电工技术、模拟电子技术、数字电子技术、PLC 技术等近 30 个实验。读者可根据学生专业和学时的不同，对实验内容进行组合，以满足实验教学的需要。

由于编者水平有限，书中难免存在错误及疏漏，恳请读者提出批评和指正。

编　者

目　录

第一章

电工技术实验

实验一　电路元件伏安特性的测试

一、实验目的

1. 掌握线性、非线性电阻元件及电源的概念
2. 学习线性电阻和非线性电阻伏安特性的测试方法
3. 学习直流电压表、直流电流表及直流稳压电源等设备的使用方法

二、实验设备

1. 电工实验箱
2. 直流毫安表
3. 数字万用表

三、实验原理

电阻性元件的特性可用其端电压与通过它的电流之间的函数关系来表示，称为电阻的伏安特性。描述这种电压与电流关系的曲线称为伏安特性曲线。

1. 线性电阻元件的伏安特性曲线

线性电阻元件的伏安特性曲线是一条通过坐标原点的直线，该直线斜率的倒数就是电阻元件的电阻值，如图 1.1.1 所示。由图可知线性电阻的伏安特性对称于坐标原点，这种性质称为双向性，所有线性电阻元件都具有这种特性。

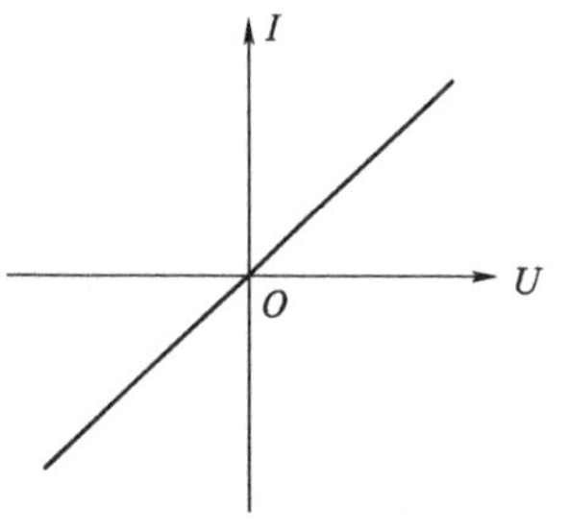

图 1.1.1　线性电阻的伏安特性曲线

半导体二极管是一种非线性电阻元件，它的阻值随电流的变化而变化，电压、电流不服从欧姆定律。半导体二极管的伏安特性如图 1.1.2 所示。由图可见，半导体二极管的伏安特性曲线对

于坐标原点是不对称的，具有单向性特点。因此，半导体二极管的电阻值随着端电压的大小和极性的不同而不同。当直流电源的正极加于二极管的阳极，而负极与阴极连接时，二极管的电阻值很小，反之二极管的电阻值很大。二极管符号如图 1. 1. 3 所示。

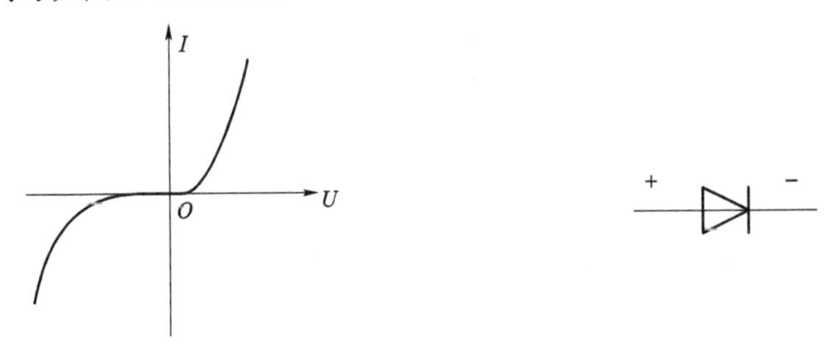

图 1.1.2 二极管的伏安特性曲线　　**图 1.1.3 二极管符号**

2. 理想电压源与实际电压源

电压源能保持其端电压为恒定值且内部没有能量损失的电压源称为理想电压源。理想电压源的符号和伏安特性曲线如图 1. 1. 4（a）所示。

理想电压源实际上是不存在的，实际电压源总具有一定的能量损失，这种实际电压源可以用理想电压源与电阻的串联组合来作为模型（如图 1. 1. 4（b））。其端口的电压与电流的关系为：

$$U=U_S-IR_0$$

式中，电阻 R_0 为实际电压源的内阻，上式的关系曲线如图 1. 1. 4（b）所示。

显然实际电压源的内阻越小，其特性越接近理想电压源。实验箱内直流稳压电源的内阻很小，当通过的电流在规定的范围内变化时，可以近似地当作理想电压源来处理。

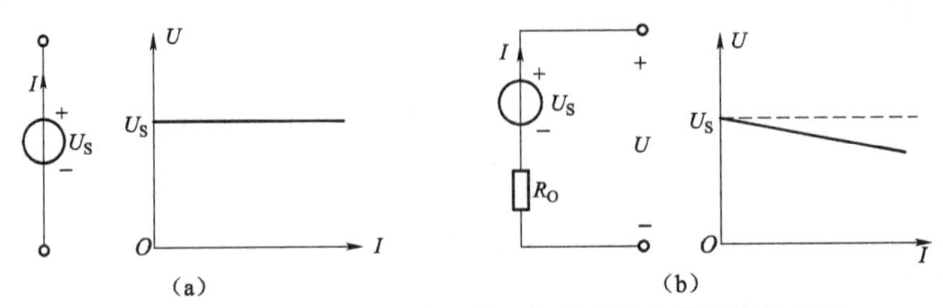

图 1.1.4 理想电压源与实际电压源的符号和伏安特性曲线

（a）理想电压源的符号和伏安特性曲线；（b）实际电压源的符号和伏安特性曲线

3. 电压、电流的测量

用电压表和电流表测量电阻时，由于电压表的内阻不是无穷大，电流表的内阻不是零，所以会给测量结果带来一定的方法误差。

例如，在测量图 1.1.5 中的 R 支路的电流和电压时，电压表在线路中的连接方法有 2 种可供选择。如图中的 1−1′点和 2−2′点，在 1−1′点时，电流表的读数为流过 R 的电流值，而电压表的读数不仅含有 R 上的电压降，而且含有电流表内阻上的电压降，因此电压表的读数较实际值为大；当电压表在 2−2′ 处时，电压表的读数为 R 上的电压降，而电流表的读数除含有电阻 R 的电流外还含有流过电压表的电流值，因此电流表的读数较实际值为大。

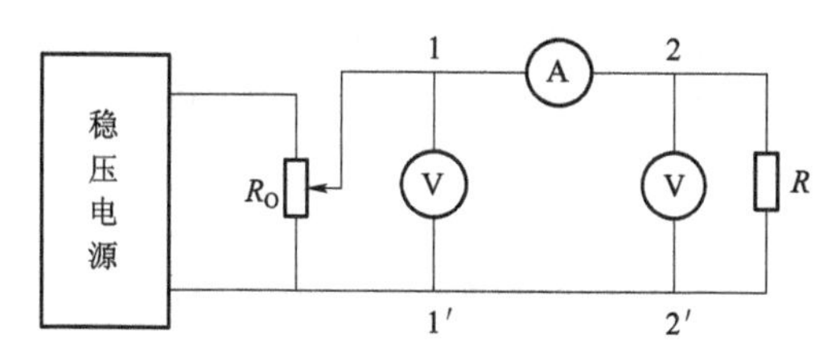

图 1.1.5　电压、电流测试电路

显而易见，当 R 的阻值比电流表的内阻大得多时，电压表宜接在 1−1′处，而当电压表的内阻比 R 的阻值大得多时则电压表的测量位置应选择在 2−2′处。实际测量时，某一支路的电阻常常是未知的，因此电压表的位置可以用下面方法选定：先分别在 1−1′和 2−2′两处试一试，如果这 2 种接法电压表的读数差别很小，甚至无差别，即可接在 1−1′处。如果这 2 种接法电流表的读数差别很小或无甚区别，则电压表接于 1−1′处或 2−2′处均可。

四、实验内容

1. 测定线性电阻的伏安特性

按图 1.1.6 接好线路，经检查无误后，接入直流稳压电源，调节输出电压依次为表 1−1−1 中所列数值，并将测量所得对应的电流值记录于表 1−1−1 中。

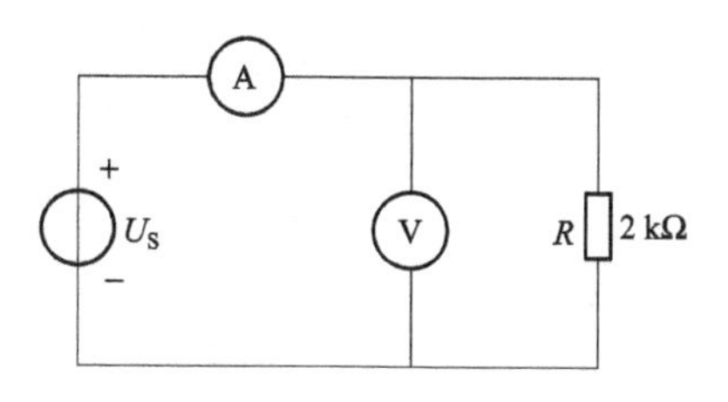

图 1.1.6　线性电阻的伏安特性测试电路

表 1−1−1　线性电阻测量数据记录

U/V	0	2	4	6	8
I/mA					

2. 测定半导体二极管的伏安特性

实验线路如图 1.1.7 所示。图中电阻 R 为限流电阻，用以保护二极管。在测二极管反向特性时，由于二极管的反向电阻很大，流过它的电流很小，电流表应选用直流微安挡。

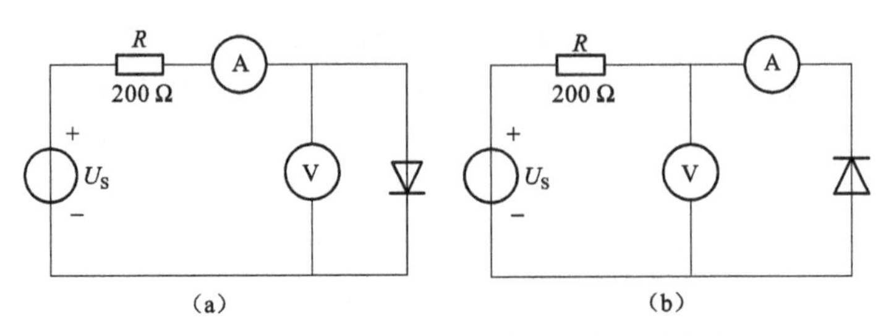

图 1.1.7 半导体二极管的伏安特性测试电路

（a）二极管正偏测试电路；（b）二极管反偏测试电路

（1）正向特性

按图 1.1.7（a）接线，经检查无误后，开启直流稳压源，调节输出电压，使电流表读数分别为表 1-1-2 中的数值。对于每一个电流值测量出对应的电压值，记入表 1-1-2 中，为了便于作图，在曲线的弯曲部位可适当多取几个点。

表 1-1-2 二极管正向特性测量数据记录

I/mA	0	0.002	0.01	0.1	1	3	10	20	30	40	50	90	150
U/V													

（2）反向特性

按图 1.1.7（b）接线，经检查无误后，接入直流稳压电源，调节输出电压为表 1-1-3 中所列数值，并将测量所得相应的电流值记入表 1-1-3 中。

表 1-1-3 二极管反向特性测量数据记录

U/V	0	5	10	15	20
I/μA					

3. 测定理想电压源的伏安特性

实验采用直流稳压电源作为理想电压源，因其内阻在和外电路电阻相比可以忽略不计的情况下，其输出电压基本维持不变，可以把直流稳压电源视为理想电压源，按图 1.1.8 接线，其中 R_1 为限流电阻，R_2 作为稳压电源的负载。

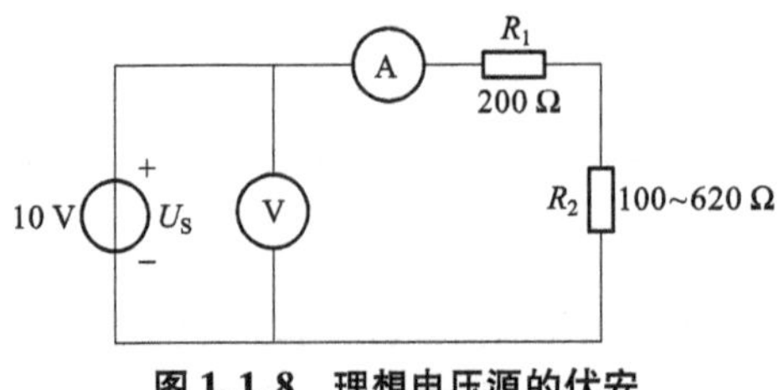

图 1.1.8 理想电压源的伏安特性测试电路

接入直流稳压电源，并调节输出电压 $U_S = 10$ V，由大到小改

变电阻 R_2 的阻值，使其分别等于 620 Ω、510 Ω、390 Ω、300 Ω、200 Ω、100 Ω，将相应的电压、电流数值记入表 1-1-4 中。

表 1-1-4　理想电压源测量数据记录

R_2/Ω	620	510	390	300	200	100
U/V						
I/mA						

4. 测定实际电压源的伏安特性

首先选取一个 51 Ω 的电阻，作为直流稳压电源的内阻与稳压电源串联组成一个实际电压源模型，其实验线路如图 1.1.9 所示。其中，负载电阻仍然取 620 Ω、510 Ω、390 Ω、300 Ω、200 Ω、100 Ω 各值。实验步骤与前项相同，测量所得数据填入表 1-1-5 中。

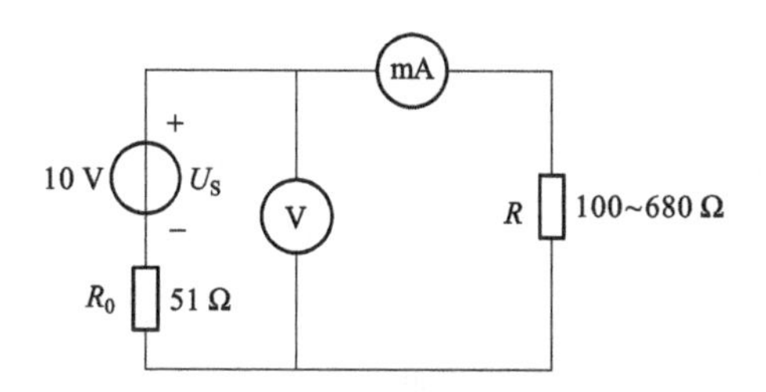

图 1.1.9　实际电压源的伏安特性测试电路

表 1-1-5　实际电压源测量数据记录

R/Ω	开路	620	510	390	300	200	100
U/V	10						
I/mA	0						

五、思考题

线性电阻和非线性电阻的概念是什么？电阻器与二极管的伏安特性有什么区别？

六、实验报告要求

1. 用坐标纸画出各元件的伏安特性曲线，并简要分析各特性曲线的物理意义。

2. 回答思考题，根据实验结果，总结、归纳被测各元件的特性。

实验二　基尔霍夫定律

一、实验目的

1. 验证基尔霍夫电流和电压定律的正确性
2. 加深对电路实际方向与参考方向的理解

二、实验设备

1. 电工实验箱
2. 数字万用表

三、实验原理

基尔霍夫定律是电路普遍适用的基本定律，它包括电流定律和电压定律。无论是线性电路还是非线性电路，无论是时变电路还是非时变电路，在任一瞬间测出各支路电流及元件、电源两端的电压都应符合上述定律，即在电路的任一节点必满足 $\sum I = 0$ 这一约束关系，对于电路中的任意闭合回路的电压必满足 $\sum U = 0$ 这一约束关系。这两个定律一个是基于电流连续性原理，另一个则是建立在电位的计算与途径无关（即电位的单值性）原理基础上的。

四、预习要求

计算图 1.2.1 电路中各支路的电压和电流。

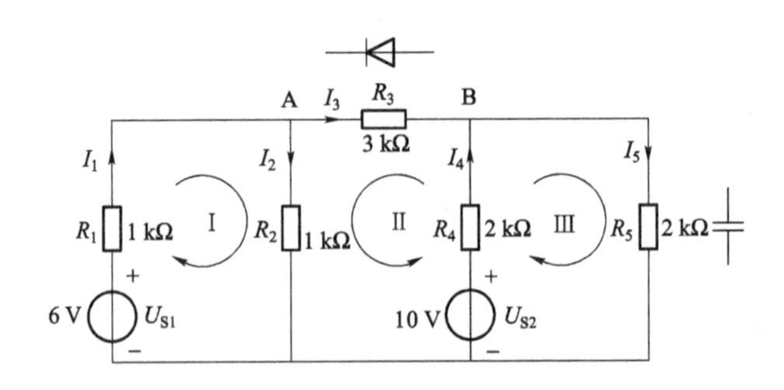

图 1.2.1　验证基尔霍夫定律实验电路图

五、实验内容

（1）按图 1.2.1 所示接线并分别测量各电阻上的电压及流过各电阻的电流，把结果记录于表 1-2-1 中。（测量时注意数字万用表的正负极亦即各电压电流的正、负）对于 3 个回路和 A、B 2 个节点分别验证：

$$\sum U = 0 \text{ 和 } \sum I = 0$$

表 1-2-1　内容 1 测量结果

	U_1/V	U_2/V	U_3/V	U_4/V	U_5/V	I_1/mA	I_2/mA	I_3/mA	I_4/mA	I_5/mA
计算量										
测量值										

（2）将图 1.2.1 电路中 R_3 换成二极管，而 R_5 换成 10 μF 电容，此时电路是非线性的，重复上述实验步骤，把结果记录于表 1-2-2 中，看是否满足 $\sum U = 0$ 和 $\sum I = 0$。

表 1-2-2　内容 2 测量结果

	U_1/V	U_2/V	U_3/V	U_4/V	U_5/V	I_1/mA	I_2/mA	I_3/mA	I_4/mA	I_5/mA
计算量										
测量值										

半导体二极管的基本特征是单向导电。接电路时务必让其正向导通，即正极接节点 B，负极接节点 A。

电容是一种非线性电子元器件，它具有储存电荷的功能，实验箱中电容是电解电容，其正极接在电路高电位。

六、思考题

1. 分析误差产生的原因。
2. 实验中的负值说明电压的实际方向如何？

七、实验报告要求

1. 选定实验路电路中的任一个节点，验证基尔霍夫电流定律的正确性。
2. 选定实验电路中的任一闭合电路，验证基尔霍夫电压定律的正确性。
3. 根据测量数据，分析对于节点 A，各支路之间的电流关系如何？

实验三　叠加定理

一、实验目的

1. 验证叠加定理的正确性
2. 通过实验加深对叠加定理的内容和适用范围的理解

二、实验设备

1. 电工实验箱
2. 直流毫安表
3. 数字万用表

三、实验原理

叠加定理不仅适用于线性直流电路，也适用于线性交流电路，为了测量方便，我们用直流电路来验证它。叠加定理可简述如下：

在线性电路中，任一支路中的电流（或电压）等于电路中各个独立源分别单独作用时在该支电路中产生的电流（或电压）的代数和，所谓一个电源单独作用是指除了该电源外其他所有电源的作用都去掉，即理想电压源所在处用短路代替，理想电流源所在处用开路代替，但保留它们的内阻，电路结构也不作改变。

由于功率是电压或电流的二次函数，因此叠加定理不能用来直接计算功率。

四、实验内容

（1）按图 1.3.1 接线，调节输出电压，使第一路输出端电压 $U_{S1}=6\ \text{V}$，

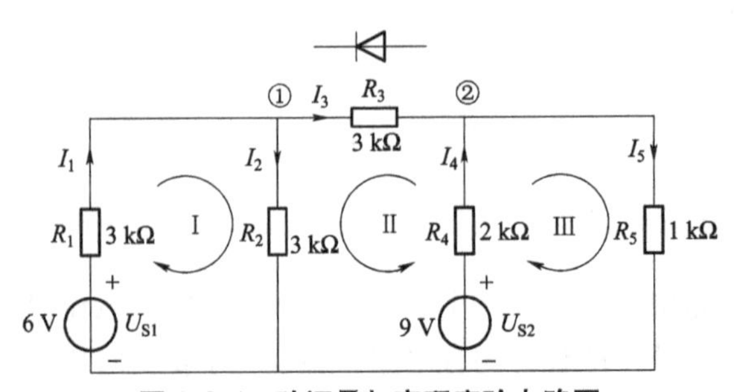

图 1.3.1　验证叠加定理实验电路图

第二路输出端电压 $U_{S2}=9$ V，（带载调试）。

（2）测量 U_{S1}、U_{S2}同时作用和分别单独作用时各电阻上的电压，数据记录于表 1-3-1。U_{S1}、U_{S2}单独作用时，不用的电源接线从电源上拔下来短接，以免烧坏电源。接线时注意 2 组电源负极要连线。

表 1-3-1　测量数据记录

	U_{R1}/V	U_{R2}/V	U_{R3}/V	U_{R4}/V	U_{R5}/V
$U_{S1}+U_{S2}$					
U_{S1}					
U_{S2}					

（3）选做实验：将图 1.3.1 中 R_3 用二极管代替，接在电路中时，使其正向导通，重复步骤 2，研究网络中含有非线性元件时叠加定理是否适用，数据记入表 1-3-2。

表 1-3-2　测量数据记录

	U_{R1}/V	U_{R3}/V	U_{R3}/V	U_{R4}/V	U_{R5}/V
$U_{S1}+U_{S2}$					
U_{S1}					
U_{S2}					

五、实验报告要求

1. 用实验数据验证支路的电流是否符合叠加定理，并对实验误差进行适当分析。

2. 用实测电流值、电阻值计算电阻 R_3 所消耗的功率为多少？能否直接用叠加定理计算？试用具体数值说明之。

实验四　戴维南定理

一、实验目的

1. 通过验证戴维南定理，加深对等效概念的理解
2. 掌握测量有源二端网络等效参数的一般方法

二、实验设备

1. 电工实验箱

2. 直流毫安表
3. 数字万用表

三、实验原理

（1）戴维南定理指出：任何一个线性有源二端网络，对于外电路而言，总可以用一个理想电压源和电阻的串联形式来代替，理想电压源的电压等于原一端口的开路电压 U_{OC}，其电阻（又称等效内阻）等于网络中所有独立源置零时的入端等效电阻 R_0，见图 1.4.1。

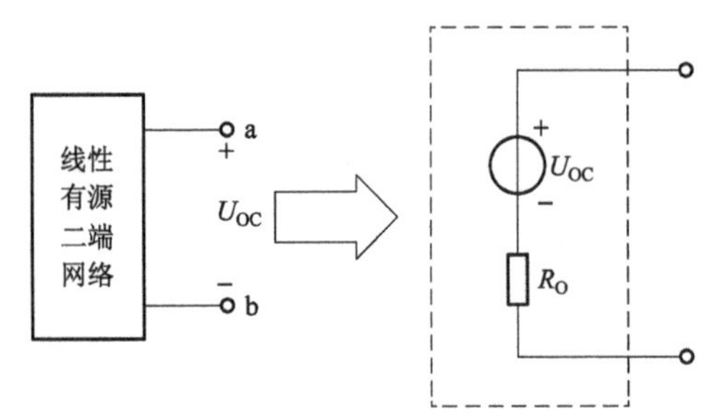

图 1.4.1　二端网络的戴维南等效电路图

（2）内阻的测量可以用两种方法进行。

① 测量开路电压 U_{OC} 和短路电流 I_{SC}，则内阻为 $R_0=\dfrac{U_{OC}}{I_{SC}}$，如图 1.4.2（a）所示。

② 可以在网络两端接已知电阻 R，用测量 R 两端的电压 U_R 的方法来计算等效内阻 R_0，即 $R_0=\left(\dfrac{U_0}{U_R}-1\right)R$，如图 1.4.2（b）所示。

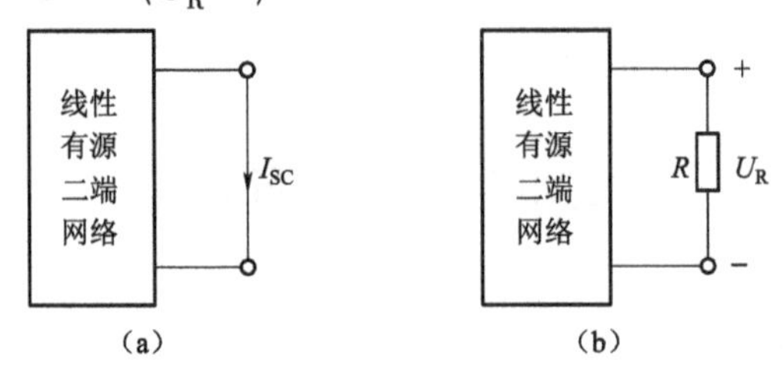

图 1.4.2　求解戴维南等效电阻方法图

（a）测量方法一；（b）测量方法二

四、预习内容

计算图 1.4.3 所示的戴维南等效电路。

五、实验内容

实验电路如图 1.4.3 所示。

（1）用万用表测量网络 ab 端的开路电压 U_{OC} 和短路电流 I_{SC}，结果记录在表 1-4-1 中。

（2）将 1.5 kΩ 电阻接于 ab 端时电阻两端电压 U_R，结果记录在表 1-4-1 中。

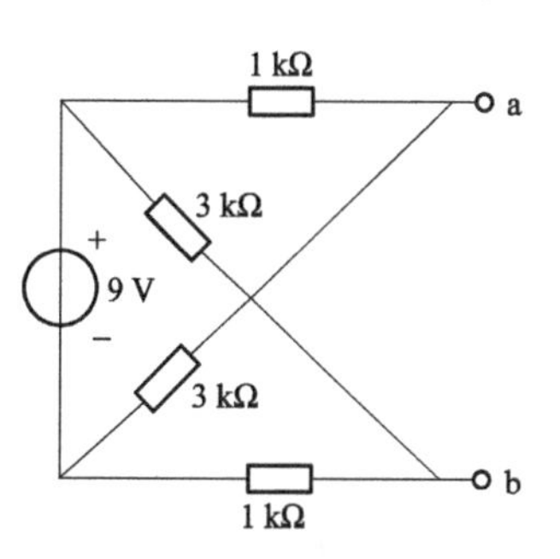

图 1.4.3　验证戴维南定理实验电路图

表 1-4-1　测量数据记录

	U_{OC}/V	I_{SC}/mA	U_R/V	R_0/Ω
理论值				
测量值				

六、实验报告要求

（1）用 2 种方法计算 R_0，并与理论值进行比较，分析误差原因。

（2）在同一坐标纸上做出 2 种情况下的外特性曲线，并作适当分析，判断戴维南定理的正确性。

实验五　*R*、*L*、*C* 元件阻抗特性的测定

一、实验目的

1. 验证 *R*、*L*、*C* 元件阻抗随频率变化的关系
2. 测定电阻、电感和电容元件的交流阻抗及其参数 *R*、*L*、*C* 之值

二、实验设备

1. 电工实验箱
2. 信号发生器
3. 交流毫伏表
4. 数字万用表

三、实验原理

1. 电阻元件

在任何时刻电阻两端的电压与通过它的电流都服从欧姆定律，即

$$u_R = Ri$$

式中，$R=u_R/i$ 是一个常数，称为线性非时变电阻，其大小与 u_R、i 的大小及方向无关，具有双向性。

它的伏安特性是一条通过原点的直线。在正弦电路中，电阻元件的伏安关系可表示为：

$$\dot{U}_R = R\dot{I}$$

式中，$R=\dot{U}_R/\dot{I}$ 为常数，与频率无关，只要测量出电阻端电压和其中的电流便可计算出电阻的阻值。

电阻元件的一个重要特征是电流 $\dot{I}$ 与电压 $\dot{U}_R$ 同相。

2. 电感元件

电感元件是实际电感器的理想化模型。它只具有储存磁场能量的功能。它是磁链与电流相约束的二端元件，即

$$\psi_L(t) = Li$$

式中，L 表示电感，对于线性非时变电感，L 是一个常数。

电感电压和电流在关联参考方向下的伏安关系式为：

$$u_L = L\frac{di}{dt}$$

在正弦电路中：

$$\dot{U}_L = jX_L\dot{I}$$

式中，$X_L=\omega L=2\pi fL$，称为感抗，其值可由电感电压、电流有效值之比求得，即 $X_L=\dfrac{U_L}{I}$。

当 L=常数时，X_L 与频率 f 成正比，f 越大，X_L 越大，f 越小，X_L 越小，电感元件具有低通高阻的性质。若 f 为已知，则电感元件的电感为：

$$L=\frac{X_L}{2\pi f} \tag{1-5-1}$$

理想电感的特征是电流滞后于电压$\dfrac{\pi}{2}$。

3. 电容元件

电容元件是实际电容器的理想化模型，它只具有储存电场能量的功能，它是电荷与电压相约束的元件，即

$$q(t) = Cu_C$$

式中，C 为电容，对于线性非时变电容，C 是一个常数。

电容电流和电压在关联参考方向下的伏安关系式为：

$$i=C\frac{\mathrm{d}u_{\mathrm{C}}}{\mathrm{d}t}$$

在正弦电路中：

$$\dot{I}=\frac{\dot{U}_{\mathrm{C}}}{-\mathrm{j}X_{\mathrm{C}}}\text{或}\dot{U}_{\mathrm{C}}=-\mathrm{j}X_{\mathrm{C}}\dot{I}$$

式中，$X_{\mathrm{C}}=\frac{1}{\omega C}=\frac{1}{2\pi fC}$，称为容抗，其值为 $X_{\mathrm{C}}=\frac{U_{\mathrm{C}}}{I}$，可由实验测出。

当 C=常数时，X_{C} 与 f 成反比，f 越大，X_{C} 越小，$f=\infty$，$X_{\mathrm{C}}=0$。电容元件具有高通低阻和隔断直流的作用。当 f 为已知时，电容元件的电容为：

$$C=\frac{1}{2\pi fX_{\mathrm{C}}} \tag{1-5-2}$$

电容元件的特点是电流的相位超前于电压$\frac{\pi}{2}$。

四、实验内容

1. 测定电阻、电感和电容元件的交流阻抗及其参数

按图 1.5.1 接线确认无误后，将信号发生器的波形选择为正弦波，频率调节到 50 Hz，并保持不变，通过 K_1、K_2、K_3 分别接通 R、L、C 元件的支路。改变信号发生器的电压（每一次都要用万用表进行测量），使之分别等于表 1-5-1 中的数值，再用万用表测出相应的电流值，并将数据记录于表 1-5-1 中。（注意：电感 L 本身还有一个电阻值。）

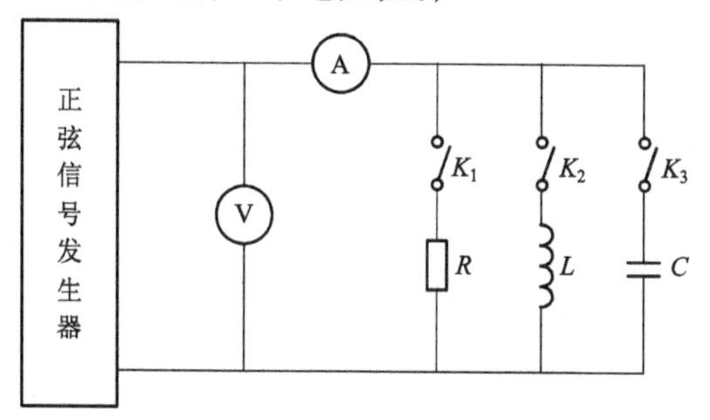

图 1.5.1　*RLC* 并联测试电路

表 1-5-1　测量数据记录表

	U/V	0	2	4	6	8	10
$R=1\ \mathrm{k\Omega}$	I_{R}/mA						
$L=0.2\ \mathrm{H}$	I_{L}/mA						
$C=2\ \mu\mathrm{F}$	I_{C}/mA						

2. 测定阻抗与频率的关系

（1）按图 1.5.1 接线，经检查无误后，把信号发生器的输出电压调至 5 V，分别测量在不同频率时，各元件上的电流值，将数据记入表 1-5-2 中。测量 L、C 元件上的电流值时，应在 L、C 元件支路中串联一个电阻 $R=100\ \Omega$，然后用交流毫伏表测量电阻上的电压，通过欧姆定律计算出电阻上的电流值，即 L、C 元件上的电流值。（注意：电感 L 本身还有一个电阻值。）

表 1-5-2 测量数据记录表

被测元件	$R=1\ \text{k}\Omega$			$L=0.2\ \text{H}$			$C=2\ \mu\text{F}$		
信号源频率/Hz	50	100	200	50	100	200	50	100	200
电流/A									
阻抗/Ω									

（2）把图 1.5.1 中的 R、L、C 全部并连接入电路中，保持信号源频率 $f=50$ Hz，输出电压 $U=5$ V，测量各支路电流及总电流，从而验证基尔霍夫电流定律的正确性。

五、思考题

1. 根据实验结果，说明各元件的阻抗与哪些因素有关。同时，比较 R、L、C 元件在交、直流电路中的性能。
2. 对实验内容 2 进行分析，从理论上说明总电流与各支路电流的关系。

六、实验报告要求

1. 按要求计算各元件参数。
2. 回答思考题。

实验六　交流电路中的互感

一、实验目的

1. 用实验方法测定 2 个线圈的同名端、互感系数和耦合系数
2. 研究 2 个线圈的相对位置和铁磁物质对互感的影响

二、实验设备

1. 电工实验箱
2. 信号发生器

3. 指针式万用表
4. 数字万用表
5. 交流毫伏表

三、实验原理

图 1.6.1 所示为 2 个磁耦合的线圈。若有电流 i_1 从 1 端流入，产生磁通 Φ_{11}。其中有部分磁通 Φ_{12} 穿过线圈 Ⅱ 而与其交链。这样当 i_1 变动时，不仅在线圈 Ⅰ 产生感应电动势，线圈 Ⅱ 也产生感应电动势。同样，若线圈 Ⅱ 通过电流 i_2，产生磁通 Φ_{22} 时，也有部分磁通 Φ_{21} 通过线圈 Ⅰ 与其交链。i_2 变化时 Ⅰ 线圈也将产生感应电动势，这种现象称线圈 Ⅰ 和线圈 Ⅱ 之间存在互感。通常用 M 表示这一互感。

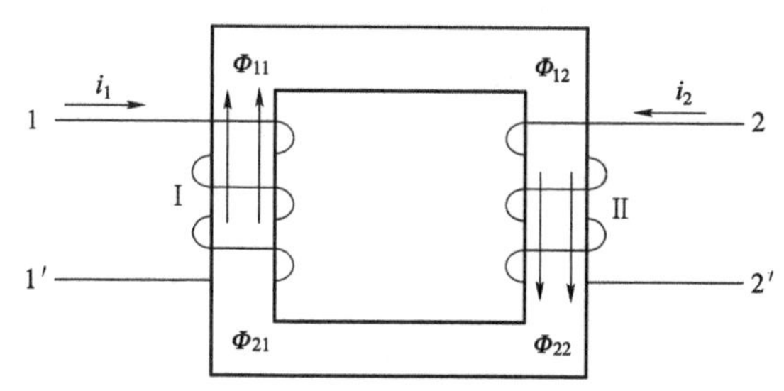

图 1.6.1　磁耦合线圈原理图

若 i_1、i_2 分别流入 1 和 2 端，产生的磁通 Φ_{11} 和 Φ_{22} 方向相同，则称 1 和 2（或 1′和 2′）为同名端；若产生的磁通 Φ_{11} 和 Φ_{22} 方向相反，则称 1 和 2 为异名端（即 1 和 2′、1′和 2 为同名端）。

当线圈 Ⅰ 流过变化的电流 i_1 时，在线圈 Ⅱ 中产生感应电压为：

$$u_2 = M\frac{\mathrm{d}i_1}{\mathrm{d}t}$$

若 i_1 为正弦波，则有

$$\dot{U}_2 = \mathrm{j}\omega M\dot{I}_1$$

反之，若测出 U_2、I_1，则可求出互感 M：

$$M = U_2/\omega I_1$$

四、实验内容

1. 确定同名端

（1）直流法

直流法如图 1.6.2 所示，取 $E = 2$ V，$R = 100\ \Omega$，微安表用 MF79 型指针式

万用表 0.25 V 电压挡（此挡兼有 50 μA 电流测试功能）。当接通或断开直流电压时，你观察到什么现象？依据楞次定律右手法则判断电感线圈的同名端。

（2）交流法

交流法如图 1.6.3 所示，将两线圈串联，在线圈 I 上加正弦交流电压，$U_S=17$ V（使用实验箱中交流 17 V），$f=50$ Hz。用数字万用表分别测量两个线圈的电压 U_{I}、U_{II}和串联后的总电压 $U_{\mathrm{I+II}}$，改变串连接法（即 1-2′）再测量 U_{I}、U_{II}、$U_{\mathrm{I+II}}$，由此判断同名端，并与直流法进行比较。

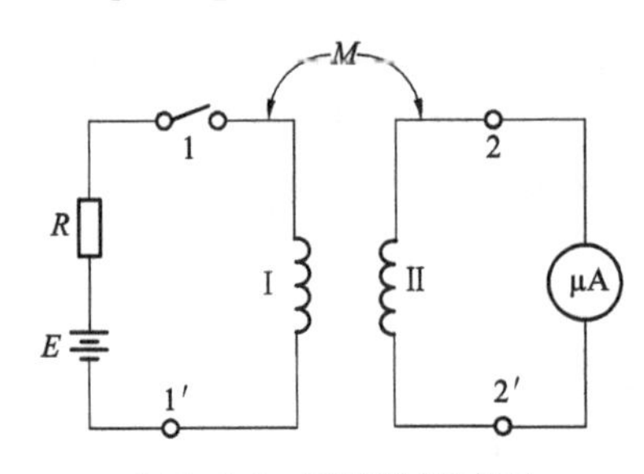

图 1.6.2 直流法测试图

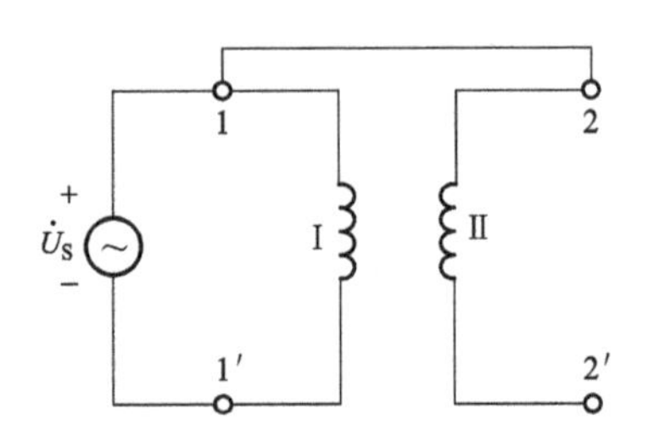

图 1.6.3 交流法测试图

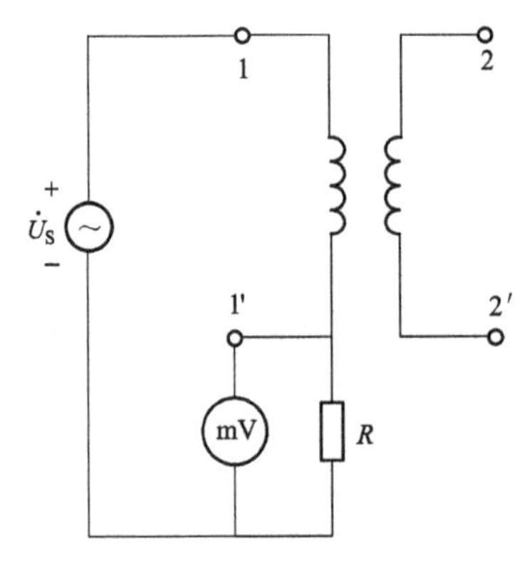

图 1.6.4 开路电压法测试图

2. 测量两线圈的互感值 M

两个线圈的互感值，可以直接由专用电桥测量，也可用下面 2 种方法测量互感值。

（1）开路电压法测 M 值

按图 1.6.4 接线，信号源 $f=200$ Hz，取样电阻法测量空载电流 $I_{\mathrm{I}0}$，R 取 100 Ω，调整信号源，使其在取样电阻 R 上电压为 10 mV，测量次级开路电压 $U_{\mathrm{II}0}$，由 $\dot{U}_{\mathrm{II}0}=\mathrm{j}\omega M\dot{I}_{\mathrm{I}0}$得到 $M=U_{\mathrm{II}0}/(2\pi f I_{\mathrm{I}0})$，计算 M。

（2）正反串法测 M 值

按图 1.6.5 两种方法接线，信号源 $f=200$ Hz，取样电阻为 100 Ω，调整信号源幅度，使毫伏表指示为 10 mV，即 $I=0.1$ mA，测量 U_S 的有效值，由

$$Z=\frac{\dot{U}_S}{\dot{I}}=R+\mathrm{j}\omega L$$

得

$$|Z|=\sqrt{R^2+(\omega L)^2}=\frac{U_S}{I}$$

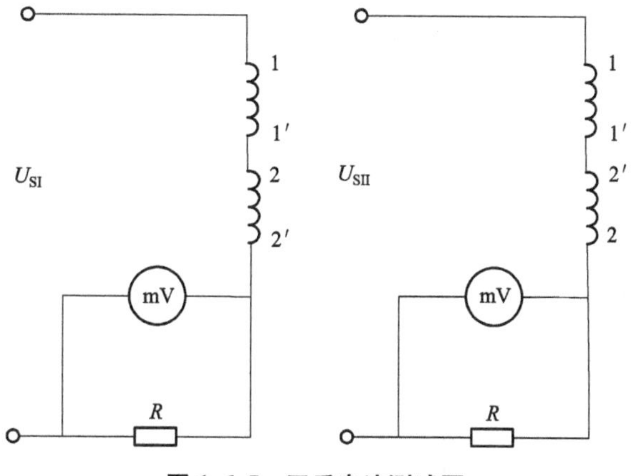

图 1.6.5　正反串法测试图

其等效电感量为：

$$L'=\frac{U_S}{2\pi fI}$$

$$M=\frac{L'_{正}-L'_{反}}{4}$$

五、思考题

除了在实验原理中介绍的测定同名端的方法外，还有没有其他方法？

六、实验报告要求

1. 实验目的、原理简述、实验内容（含实验步骤、实验电路、表格、数据等）。

2. 整理数据进行计算，比较两种测量互感方法的结果，并进行分析，回答思考题。

实验七　三相电路电压、电流的测量

一、实验目的

1. 掌握三相负载作星形连接、三角形连接的方法，验证这两种接法下线、相电压及线电流、相电流之间的关系

2. 充分理解三相四线供电系统中中线的作用

二、实验设备

1. 交流电流表
2. 交流电压表
3. 三相灯组负载

三、实验原理

二相负载的连接方式有两种：星形（Y）连接和三角形（△）连接。

1. 负载星形连接

（1）当三相对称负载作Y连接时，线电压 U_L 是相电压 U_p 的$\sqrt{3}$倍，线电流 I_L 等于相电流 I_P，即

$$U_L=\sqrt{3}\,U_P,\ I_L=I_P$$

在这种情况下，流过中线的电流 $I_N=0$，所以可以省去中线。

（2）当三相不对称负载作Y连接时，必须采用三相四线制接法，而且中线必须牢固连接，以保证三相不对称负载的每相电压维持对称不变。

倘若中线断开，会导致三相负载电压的不对称，致使负载轻的那一相的相电压过高，使负载遭受损坏；负载重的一相相电压又过低，使负载不能正常工作。尤其是对于三相照明负载，无条件地一律采用三相四线制接法。

2. 负载三角形连接

（1）当三相对称负载作△连接时，有 $U_L=U_P$，$I_L=\sqrt{3}I_P$。

（2）当三相不对称负载作△连接时，$I_L\neq\sqrt{3}I_P$，但只要电源的线电压 U_L 对称，加在三相负载上的电压仍是对称的，对各相负载工作没有影响。

四、预习要求

复习三相负载在星形、三角形连接时，在对称和不对称两种情况下线电压、相电压、线电流、相电流之间的关系。

五、实验内容

1. 三相负载星形连接（三相四线制供电）

按图1.7.1线路组接实验电路。分别测量三相负载的线电压、相电压、线电流、相电流、中线电流、电源与负载中点间的电压，并将所测得的数据记入表1-7-1中。

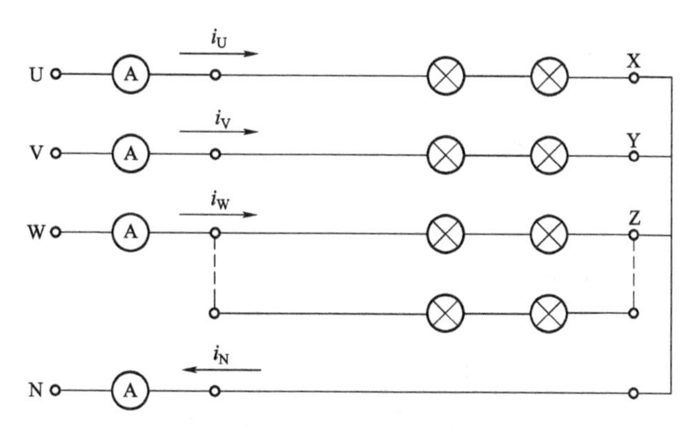

图 1.7.1　负载星型连接图

表 1-7-1　测量数据记录

数据 / 内容	U_{UV}	U_{VW}	U_{WU}	U_{UX}	U_{VY}	U_{WZ}	U_{OX}	I_U	I_V	I_W	I_N
负载对称											
负载不对称											

2. 负载三角形连接（三相三线制供电）

按图 1.7.2 改接线路，经指导教师检查合格后接通三相电源，并按表 1-7-2 的内容进行测试。

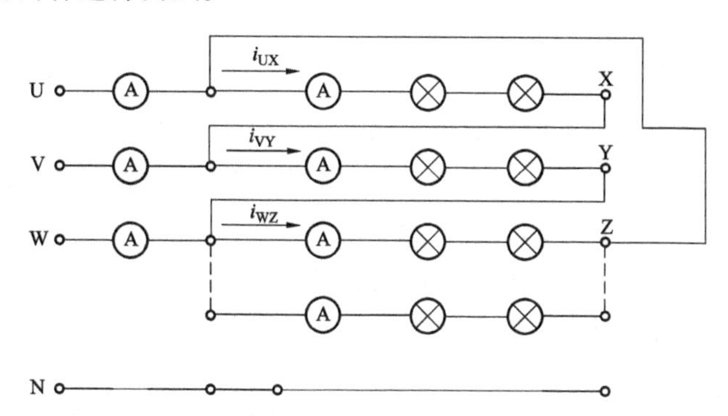

图 1.7.2　负载三角形连接图

表 1-7-2　测量数据记录

数据 / 内容	U_{UX}	U_{VY}	U_{WZ}	I_U	I_V	I_W	I_{UX}	I_{VY}	I_{WZ}
负载对称									
负载不对称									

六、实验注意事项

（1）本实验采用三相交流市电，线电压为 380 V，应穿绝缘鞋进实验室。实验时要注意人身安全，不可触及导电部件，防止意外事故发生。

（2）每次接线完毕，同组同学应自查一遍，然后由指导教师检查后，方可接通电源，必须严格遵守先断电、再接线、后通电；先断电、后拆线的实验操作原则。

（3）星形负载作短路实验时，必须首先断开中线，以免发生短路事故。

（4）为避免烧坏灯泡，当任一相电压大于 245～250 V 时，即声光报警并跳闸。因此，在做 Y 接不平衡负载或缺相实验时，所加线电压应以最高相电压小于 240 V 为宜。

七、思考题

1. 三相负载根据什么条件作星形或三角形连接？

2. 复习三相交流电路有关内容，试分析三相星形连接不对称负载在无中线情况下，当某相负载开路或短路时会出现什么情况？如果接上中线，情况又如何？

3. 本次实验中为什么要通过三相调压器将 380 V 的市电线电压降为 220 V 的线电压使用？

八、实验报告要求

1. 用实验测得的数据验证对称三相电路中的$\sqrt{3}$关系。

2. 用实验数据和观察到的现象，总结三相四线供电系统中中线的作用。

3. 不对称三角形连接的负载，能否正常工作？实验是否能证明这一点？

4. 根据不对称负载三角形连接时的相电流值作相量图，并求出线电流值，然后与实验测得的线电流作比较分析。

实验八　*RC* 电路的选频网络特性测试

一、实验目的

1. 测定 *RC* 电路的频率特性

2. 了解文氏电桥电路的结构特点及应用

二、实验设备

1. 电工实验箱
2. 信号发生器
3. 交流毫伏表
4. 数字频率计
5. 双踪示波器

三、实验原理

1. 文氏桥电路

文氏电桥电路结构如图 1.8.1 所示，在输入端输入幅度恒定的正弦电压 $\dot{U}_1$，在输出端得到输出电压 $\dot{U}_2$。由于电桥采用了 2 个电抗元件，因此当输入电压 $\dot{U}_1$的频率改变时，输出电压 $\dot{U}_2$的幅度和相对于 $\dot{U}_1$的相位也随之改变，$\dot{U}_2$与 $\dot{U}_1$比值的模与相位随频率变化的规律分别称文氏桥电路的幅频特性与相频特性。本实验只研究幅频特性的实验测试方法。首先求出文氏桥电路的传输函数 $H(\mathrm{j}\omega)=\dfrac{\dot{U}_2}{\dot{U}_1}=|H(\mathrm{j}\omega)|\angle\varphi$

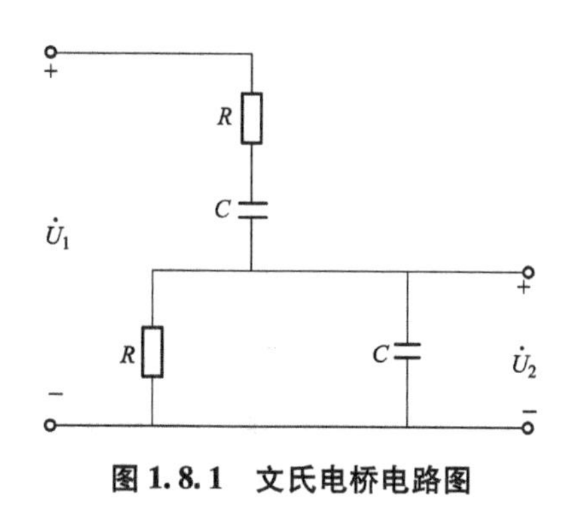

图 1.8.1　文氏电桥电路图

当 $\omega=\omega_0$ 时，即 $f_0=\dfrac{1}{2\pi RC}$，$|H(\mathrm{j}\omega)|$有极大值，$\varphi=0$，经过计算，$|H(\mathrm{j}\omega)|$的最大值为 1/3。因此，这种电路具有选择频率的特点。它被广泛地用于 RC 振荡器的选频网络。

2. 文氏桥电路 f_0 的测定

当文氏桥电路的电源频率 $f=f_0=\dfrac{1}{2\pi RC}$时，其输入电压和输出电压之间的相位差为零，即 $\varphi=0$，因此 f_0 的测定就转化为输入电压和输出电压相位差的测定。

用示波器观察李萨育图形测定 f_0 的方法具体如下。

如果在示波器的垂直和水平偏转板上分别加上频率、振幅和相位相同的正弦电压，则在示波器的荧光屏上将得到一条与 X 轴成 45°的直线。

实验线路如图 1.8.2 所示，给定 $\dot{U}_1$为某一数值，改变电源频率，并逐渐改变 X、Y 轴增益，使荧光屏上出现一条直线，此时的电源频率即为 f_0。

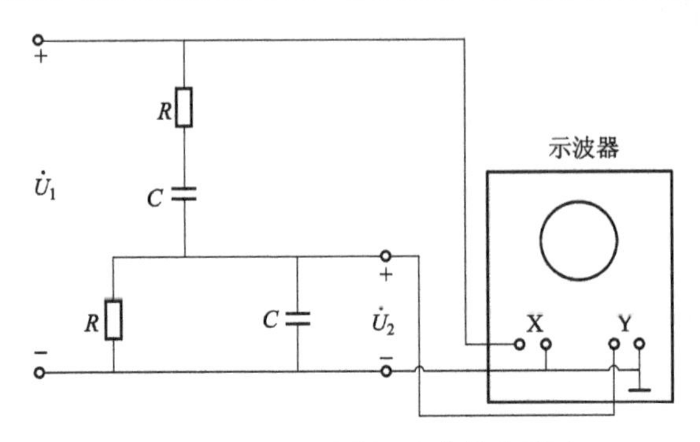

图 1.8.2　用示波器观察李萨育图形

四、实验内容

（1）用示波器观察李萨育图形的方法测定文氏桥电路的 f_0。用频率计测 f_0，并用交流毫伏表测 f_0 时的 $\dot{U}_1$、$\dot{U}_2$。

（2）测文氏桥电路的幅频特性 $|H(j\omega)|$ 及相频特性 φ。建议测 10～15 个点，频率由 $0.1f_0$ 到 $10f_0$。

五、实验报告要求

做出文氏桥电路的幅频特性曲线。

实验九　*RLC* 串联谐振电路

一、实验目的

1. 学习测定 *RLC* 串联谐振电路的频率特性曲线
2. 观察串联谐振现象，加深对谐振电路特性的理解

二、实验设备

1. 电工实验箱
2. 信号发生器
3. 交流毫伏表
4. 双踪示波器

三、实验原理

1. *RLC* 串联电路谐振电路

RLC 串联电路（图 1.9.1）的阻抗是电源频率的函数，即

$$Z=R+\mathrm{j}\left(\omega L-\frac{1}{\omega C}\right)=|Z|\mathrm{e}^{\mathrm{j}\varphi}$$

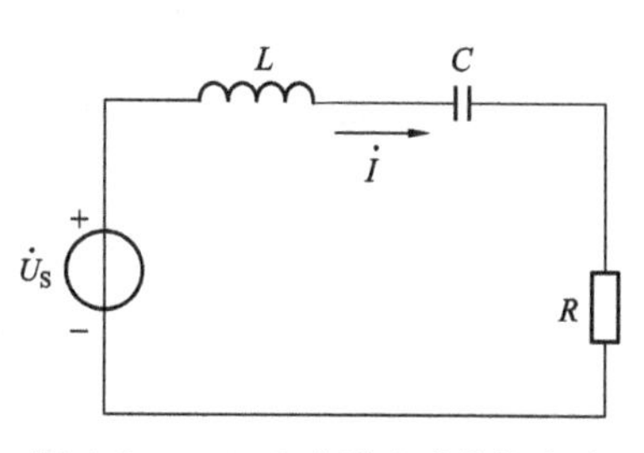

图 1.9.1　*RLC* 串联电路谐振电路

当 $\omega L=\frac{1}{\omega C}$时，电路呈现电阻性，$U_S$ 一定时，电流达最大，这种现象称为串联谐振。谐振时的频率称为谐振频率，也称电路的固有频率，即

$$\omega_0=\frac{1}{\sqrt{LC}}\quad 或\quad f_0=\frac{1}{2\pi\sqrt{LC}}$$

上式表明谐振频率仅与元件参数 *L*、*C* 有关，而与电阻 *R* 无关。

2. 电路处于谐振状态时的特征

（1）复阻抗 *Z* 达最小，电路呈现电阻性，电流与输入电压同相位。

（2）电感电压与电容电压数值相等，相位相反。此时电感电压（或电容电压）为电源电压的 *Q* 倍，*Q* 称为品质因数，即

$$Q=\frac{U_L}{U_S}=\frac{U_C}{U_S}=\frac{\omega_0 L}{R}=\frac{1}{\omega_0 CR}=\frac{1}{R}\sqrt{\frac{L}{C}}$$

在 *L* 和 *C* 为定值时，*Q* 值仅由回路电阻 *R* 的大小来决定。

（3）在激励电压有效值不变时，回路中的电流达最大值，即

$$I=I_0=\frac{U_S}{R}$$

3. 串联谐振电路的频率特性

（1）回路的电流与电源角频率的关系称为电流的幅频特性，表明其关系的图形称为串联谐振曲线。电流与角频率的关系为：

$$I(\omega)=\frac{U_S}{\sqrt{R^2+\left(\omega L-\frac{1}{\omega C}\right)^2}}=\frac{U_S}{R\sqrt{1+Q^2\left(\frac{\omega}{\omega_0}-\frac{\omega_0}{\omega}\right)^2}}=\frac{I_0}{\sqrt{1+Q^2\left(\frac{\omega}{\omega_0}-\frac{\omega_0}{\omega}\right)^2}}$$

当 *L*、*C* 一定时，改变回路的电阻 *R* 值，即可得到不同 *Q* 值下电流的幅频特性曲线。显然 *Q* 值越大，曲线越尖锐。

（2）激励电压与响应电流的相位差 φ 角和激励电源角频率 ω 的关系称为相频特性，即：

$$\varphi(\omega)=\arctan\frac{\omega L-\dfrac{1}{\omega C}}{R}=\arctan\frac{X}{R}$$

显然，当电源频率 ω 从 0 变到 ω_0 时，电抗 X 由 $-\infty$ 变到 0 时，φ 角从 $-\frac{\pi}{2}$变到 0，电路为容性。当 ω 从 ω_0 增大到 ∞ 时，电抗 X 由 0 增到 ∞，φ 角从 0 增到$\frac{\pi}{2}$，电路为感性。相角 φ 与$\frac{\omega}{\omega_0}$的关系称为通用相频特性。

谐振电路的幅频特性和相频特性是衡量电路特性的重要标志。

四、预习要求

利用公式$f_0=\dfrac{1}{2\pi\sqrt{LC}}$，将 L、C 之值代入式中计算出 f_0。

五、实验内容

按图 1.9.2 连接线路，电源 $\dot{U}_S$为低频信号发生器的输出。将电源的输出电压接示波器的 Y 插座，输出电流从 R 两端取出用 U_R 代表电流，接到示波器的 X 插座以观察信号波形，取 $L=0.1$ H，$C=0.5$ μF，$R=10$ Ω，电源的输出电压 $U_S=3$ V。

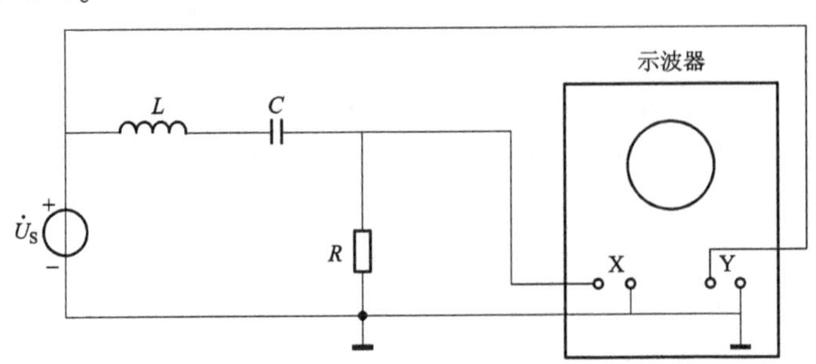

图 1.9.2 串联电路谐振频率测试图

1. 测试电路的谐振频率

用交流毫伏表接在 R 两端，观察 U_R 的大小，然后调整输入电源的频率，使电路达到串联谐振，当观察到 U_R 最大时电路即发生谐振，此时的频率即为 f_0。

2. 测定电路的幅频特性

（1）以 f_0 为中心，调整输入电源的频率从 100~2 000 Hz，在 f_0 附近，应多取些测试点。用交流毫伏表测试每个测试点的 U_R 值，然后计算出电流 I 的值，记入表格 1-9-1 中。

表 1-9-1 测量数据记录表

f/Hz			f_L			f_0			f_H		
U_R/mV											
I/mA											

（2）保持 $U_S=3$ V，$L=0.1$ H，$C=0.5$ μF，改变 R，使 $R=100$ Ω，即改变了回路 Q 值，重复步骤（1）。

六、思考题

1. 怎样判断电路已经处于谐振状态？
2. 说明通频带与品质因数及选择性之间的关系。

七、实验报告要求

1. 根据实验数据，在坐标纸上绘出 2 条不同 Q 值下的幅频特性曲线和相频特性曲线，并作扼要分析。
2. 通过实验总结 R、L、C 串联谐振电路的主要特点。

实验十 一阶电路暂态响应的研究

一、实验目的

1. 了解一阶电路暂态响应的规律和特点
2. 加深对 RC 微分电路和积分电路过渡过程的理解

二、实验设备

1. 电工实验箱
2. 函数信号发生器
3. 双踪示波器

三、实验原理

1. 用示波器研究微分电路和积分电路

（1）微分电路

微分电路如图 1.10.1 所示，图中

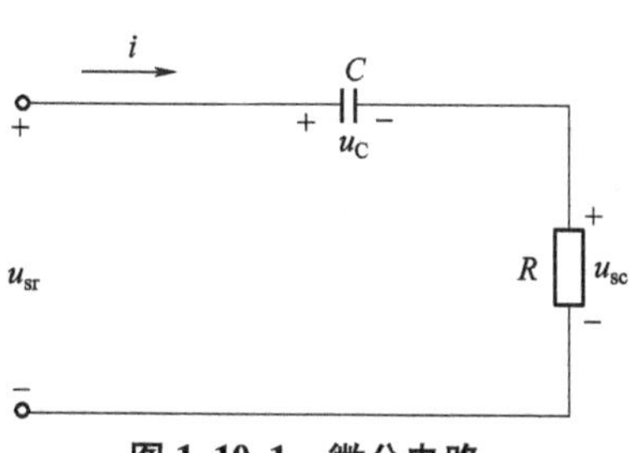

图 1.10.1 微分电路

$$u_{sc}=Ri=RC\frac{du_C}{dt} \tag{1-10-1}$$

当电路的时间常数$\tau=RC$很小，$u_C \gg u_{sc}$时，输入电压u_{sr}与电容电压u_C近似相等，即

$$u_{sr}\approx u_C \tag{1-10-2}$$

将（1-10-2）代入（1-10-1），得

$$u_{sc}\approx RC\frac{du_{sr}}{dt} \tag{1-10-3}$$

即当τ很小时，输出电压u_{sc}近似与输入电压u_{sr}对时间的导数成正比，所以称图 1.10.1 电路为“微分电路”。

（2）积分电路

将微分电路中的R、C位置对调，就得到积分电路，如图 1.10.2 所示。图中

$$u_{sc}=\frac{1}{C}\int i\mathrm{d}t=\frac{1}{C}\int\frac{u_R}{R}\mathrm{d}t=\frac{1}{RC}\int u_R\mathrm{d}t \tag{1-10-4}$$

当电路的时间常数$\tau=RC$很大，$u_R \gg u_{sc}$时，输入电压u_{sr}与电阻电压u_R近似相等，

$$u_{sr}\approx u_R \tag{1-10-5}$$

将（1-10-5）代入（1-10-4），得

$$u_{sc}\approx\frac{1}{RC}\int u_{sr}\mathrm{d}t \tag{1-10-6}$$

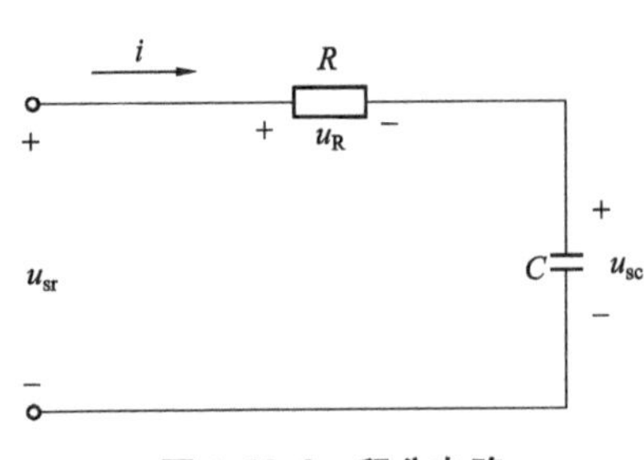

图 1.10.2　积分电路

即当τ很大时，输出电压u_{sc}近似与输入电压u_{sr}对时间的积分成正比，所以称图 1.10.2 电路为“积分电路”。

2. 用示波器观察电路的过渡过程

电路中的过渡过程一般经过一段时间后便达到稳定。由于这一过程不是重复的，所以无法用普通的阴极示波器来观察（因为普通示波器只能显示重复出现的即周期性的波形）。为了能利用普通示波器研究一个电路接到直流电压时的过渡过程，可以采用下面的方法。

在电路上加一个周期性的“矩形波”电压（图 1.10.3）。它对电路的作用可以这样来理解：在t_1、t_3…等时刻，输入电压由零跳变为U_o，这相当于使电路突然在与一个直流电压U_o接通；在t_2、t_4…等时刻，输入电压又由U_o跳变为零，这相当于使电路输入端突然短路。由于不断地使电路接通与短路，

电路中便出现重复性的过渡过程，这样就可以用普通示波器来观察了。如果要求在矩形波作用的半个周期内，电路的过渡过程趋于稳态，则矩形波的周期应足够大。

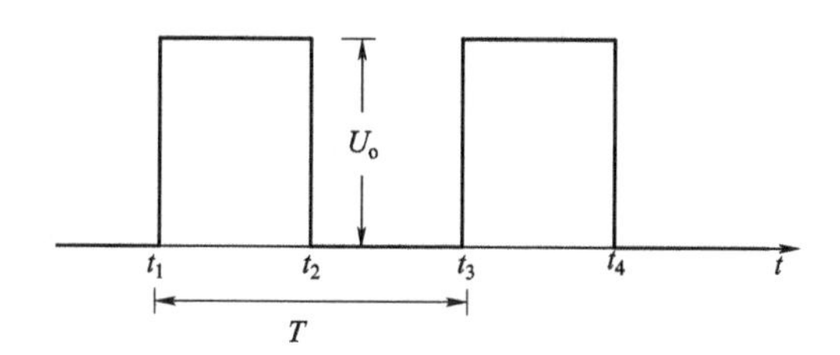

图 1.10.3　电路上加载的电压

四、实验内容

（1）按图 1.10.4 接线，用示波器观察作为电源的矩形脉冲电压，周期 $T=1$ ms。

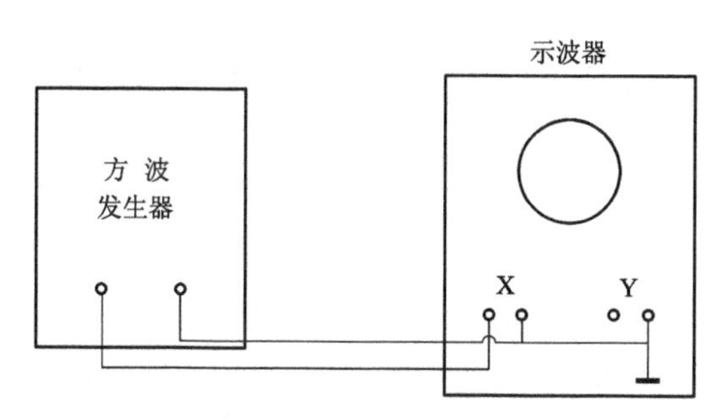

图 1.10.4　实验内容 1 接线图

（2）按图 1.10.5 接线，使 R 为 10 kΩ，分别观察和记录 $C=0.01$ μF、0.1 μF、1 μF 荧光屏上显示的波形。

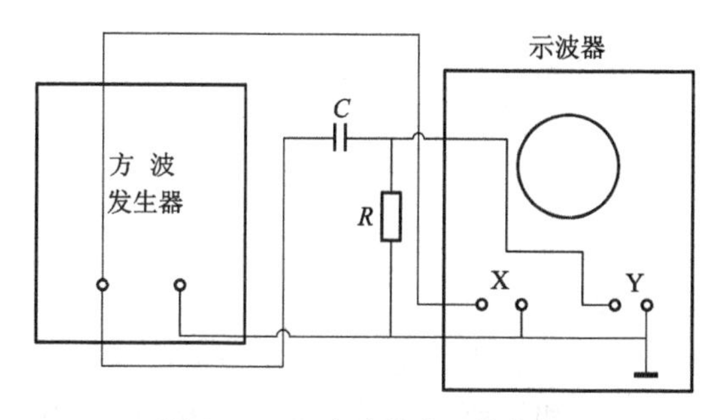

图 1.10.5　实验内容 2 接线图

(3) 按图 1.10.6 接线，使 R 为 10 kΩ，分别观察和记录 C = 0.5 μF、0.01 μF 2 种情况下荧光屏上显示的波形。

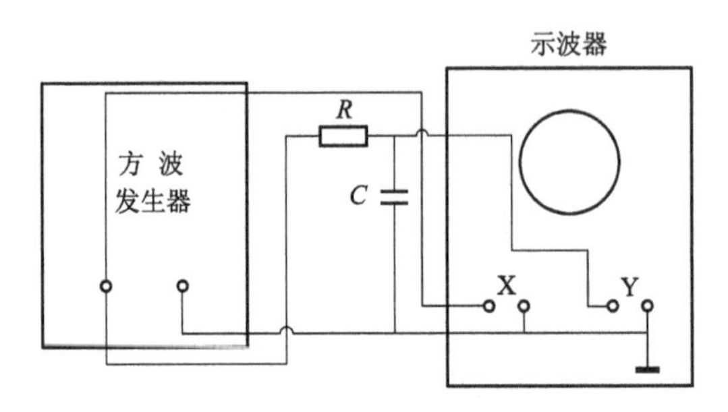

图 1.10.6 实验内容 3 接线图

五、实验报告要求

1. 分析实验结果，说明元件数值改变时对一阶电路暂态响应的影响。
2. 总结微分和积分电路区别。

实验十一 三相异步电动机直接启动控制

一、实验目的

1. 了解笼式三相异步电动机的结构及铭牌数据的意义
2. 掌握定子三相绕组 6 根引出线在接线盒中的排列方式
3. 了解按钮开关、交流接触器和热继电器等常用控制电器的结构，熟悉其动作原理及功能

二、实验设备

1. 电工实验箱
2. 笼式三相异步电动机
3. 数字万用表

三、实验原理

1. 三相异步电动机的结构

三相异步电动机主要由静止的定子和转动的转子两大部分组成。定子主要由定子铁心、定子绕组和机座 3 部分组成，是电动机的静止部分。电动机接线盒内部有一块接线板，三相定子绕组的 6 个线头排成上下两排，并规定

下排3个接线柱自左至右排列的编号为1（U_1）、2（V_1）、3（W_1），上排三个接线柱自左至右排列的编号为4（W_2）、5（U_2）、6（V_2），将三相绕组接成星形接法或三角形接法（图1.11.1）。凡制造和维修时均应按此序号排列。

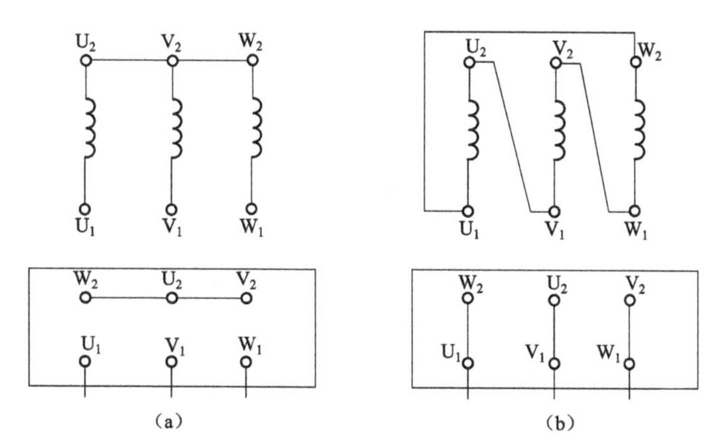

图1.11.1　定子三相绕组的接线方式

（a）星形接法；（b）三角形接法

转子主要由转子铁心、转轴、笼式转子绕组、风扇等组成，是电动机的旋转部分。

2. 三相异步电动机铭牌

电动机外壳上都有铭牌，如图1.11.2所示，上面标记有电动机的型号、各种额定数据和连接方式等，是我们正确合理选择和使用电动机的主要数据。铭牌上各项内容意义如下。

三相异步电动机					
型号	Y132S-4	功率	5.5 kW	防护等级	IP44
电压	380 V	电流	11.6 A	功率因数	0.84
接法	△	转速	1 400 r/min	绝缘等级	B
频率	50 Hz	重量	—	工作方式	S_1

图1.11.2　三相异步电动机铭牌

（1）型号：目前，我国生产的异步电动机的产品名称代号及其汉字意义摘录于表1-11-1中。

表 1-11-1　异步电动机产品名称代号

产品名称	新代号	新代号的汉字意义	老代号
异步电动机	Y	异	J、JO
绕线转子异步电动机	YR	异绕	JR、JRO
防爆型异步电动机	YB	异爆	JB、JBS
高启动转矩异步电动机	YQ	异启	JQ、JGQ
起重冶金用异步电动机	YZ	异重	JZ
起重冶金用绕线转子异步电动机	YZR	异重绕	JZR

（2）额定电压 U_N：指电动机在额定状态下运行时定子绕组所加的线电压。

（3）额定电流 I_N：指电动机加额定电压、输出额定功率时，流入定子绕组中的线电流。

（4）额定功率 P_N：指电动机在额定状态下运行时电动机轴上输出的机械功率。

（5）额定转速 n_N：指电动机在额定状态下运行时转子转速。

（6）额定频率：我国规定工频为 50 Hz。

（7）额定功率因数 $\cos\varphi_N$：指电动机在额定状态下运行时定子边的功率因数。

3. 启动前的准备和检查

（1）检查电动机及启动设备接地是否可靠和完整，接线是否正确与良好。

（2）检查电动机铭牌所示电压、频率与电源电压、频率是否相符。

（3）新安装或长期停用的电动机启动前应检查绕组相对相、相对地绝缘电阻。绝缘地绕组应大于 0.5 MΩ，如果低于此值，须将绕组烘干。

（4）对绕线型转子应检查其集电环上的电刷装置是否能正常工作，电刷压力是否符合要求。

（5）检查电动机转动是否灵活，滑动轴承内的油是否达到规定油位。

（6）检查电动机所用熔断器的额定电流是否符合要求。

（7）检查电动机各紧固螺栓及安装螺栓是否拧紧。

上述各检查全部达到要求后，可启动电动机。电动机启动后，空载运行 30 min 左右，注意观察电动机是否有异常现象，如发现噪声、震动、发热等不正常情况，应采取措施，待情况消除后，才能投入运行。

启动绕线型电动机时，应将启动变阻器接入转子电路中。对有电刷提升机构的电动机，应放下电刷，并断开短路装置，合上定子电路开关，扳动变阻器。当电动机接近额定转速时，提起电刷，合上短路装置，电动机启动完毕。

四、实验内容

1. 接线前的准备工作

观察接触器、按钮、热继电器的结构，并记录它们的型号、规格。用万用表检查接触器和按钮等的常闭、常开触点是否闭合或断开，检查接触器线圈的额定电压是否与电源电压相符。用手拨动按钮、接触器等电器的可动部件，查看其是否灵活。

2. 笼式异步电动机的直接启动

（1）开启电源板上三相电源总开关，按启动按钮，此时自耦调压器原绕组端 U_1、V_1、W_1 得电，调节调压器输出使输出线电压为 380 V，3 只电压表指示应基本平衡。

保持自耦调压器手柄位置不变，按停止按钮，自耦调压器断电。

（2）按图 1.11.1（a）接线，电动机三相定子绕组接成 Y 接法；实验线路电源接三相自调压器输出端（U、V、W），供电线电压为 380 V。

（3）按电源板上启动按钮，电动机直接启动，观察启动瞬间电流冲击情况及电动机旋转方向，记录启动电流。当启动运行稳定后，将电流表量程切换至较小量程挡位上，读取记录空载电流。

（4）电动机稳定运行后，突然拆出 U、V、W 中任一相电源（注意小心操作，以免触电）观测电动机单相运行时电流表的读数并记录之。仔细听电动机的运行声音有何变化。

（5）电动机启动之前先断开 U、V、W 中的任一相，作缺相启动，观测电流表读数，记录之，观察电动机是否启动，再仔细听电动机是否发出异常的声响。

（6）实验完毕按电源板上的停止按钮，切断实验线路的电源。

五、实验报告要求

1. 记录电动机的铭牌数据。
2. 说明在实验过程中是否发生过故障，是如何检查和解决的。

实验十二 三相异步电动机的点动和自锁控制

一、实验目的

1. 学习三相异步电动机点动和自锁控制线路的实际安装接线
2. 通过实验进一步加深理解点动控制和自锁控制的特点

二、实验设备

1. 电工实验箱
2. 笼式异步电动机

三、实验原理

1. 继电-接触控制

继电-接触控制在各类生产机械中获得广泛地应用，凡是需要进行前后、上下、左右、进退等运动的生产机械，均采用传统的典型的正、反转继电-接触控制。交流电动机继电-接触控制电路的主要设备是交流接触器，其主要构造为：

（1）电磁系统——铁心、吸引线圈和短路环。

（2）触头系统——主触头和辅助触头，还可按吸引线圈得电前后触头的动作状态，分为动合（常开）、动断（常闭）2类。

（3）消弧系统——在切断大电流的触头上装有灭弧罩，以迅速切断电弧。

（4）接线端子、反作用弹簧等。

2. 控制回路

在控制回路中常采用接触器的辅助触头来实现自锁和互锁控制。要求接触器线圈得电后能自动保持动作后的状态，这就是自锁。通常用接触器自身的动合触头与启动按钮相并联来实现，以达到电动机的长期运行，这一动合触头称为“自锁触头”。使2个电器不能同时得电动作的控制，称为互锁控制，如为避免正、反转2个接触器同进得电而造成三相电源短路事故，必须增设互锁控制环节。为操作的方便，也为防止因接触器主触头长期电流的烧蚀而偶发触头粘连后造成的三相电源短路事故，通常在具有正、反转控制的线路中采用既有接触器的动断辅助触头的电气互锁，又有复合按钮机械互锁的双重互锁的控制环节。

3. 控制按钮

控制按钮通常用以短时通、断小电流的控制回路，以实现近、远距离控制电动机等执行部件的启、停或正、反转控制。按钮是专供人工操作使用。对于复合按钮，其触点的动作规律是：当按下时，其动断触头先断，动合触头后合；当松开时，则动合触头先断，动断触头后合。

4. 电源及线路的保护

在电动机运行过程中，应对可能出现的故障进行保护。

采用熔断器作短路保护，当电动机或电器发生短路时，及时熔断熔体，达到保护线路、保护电源的目的。熔体熔断时间与流过的电流关系称为熔断器的保护特性，这是选择熔体的主要依据。

采用热继电器实现过载保护，使电动机免受长期过载之危害。其主要的技术指标是整定电流值，即电流超过此值的20%时，其动断触头应能在一定时间内断开，切断控制回路，动作后只能由人工复位。

5. 常见故障

在电气控制线路中，最常见的故障发生在接触器上。接触器线圈的电压等级通常有220 V和380 V等，使用时必须认真核实，切勿疏忽，否则电压过高易烧坏线圈，电压过低，吸力不够，不易吸合或吸合频繁，这不但会产生很大的噪声，也因磁路气隙增大，致使电流过大，也易烧坏线圈。此外，在接触器铁心的部分端嵌装短路铜环，其作用是为了使铁心吸合牢靠，消除颤动与噪音。若发现短路环脱落或断裂现象，接触器将会产生很大的振动与噪声。

四、实验内容

认识实验装置上复式按钮、交流接触器和热继电器等电器的结构、图形符号、接线方法；认真查看异步电动机铭牌上的数据，按铭牌要求将三相定子绕组接成△接法；三相调压器输出端U、V、W调为线电压220 V。

1. 点动控制

按图1.12.1点动控制线路接线，先接主电路，即从三相调压输出端U、V、W开始，经接触器KM的主触点，热继电器FR的热元件到异步电机M的3个定子绕组端A、B、C，用导线按顺序串联起来。主电路检查无误后，再连接控制回路，即从三相调压输出端的某相（如V）开始，经过热继电器FR的常闭触点、接触器KM的线圈、常开按钮SB_1到三相调压输出的另一相（如W）。接好线路，经指导教师检查后，方可进行通电操作。

（1）开启电源控制屏总开关，按启动按钮，调节调压器输出，使输出线电压为220 V。

（2）按启动按钮SB_1，对异步电机M进行点动操作，比较按下SB_1与松

开 SB_1 时，电机和接触器的运行情况。

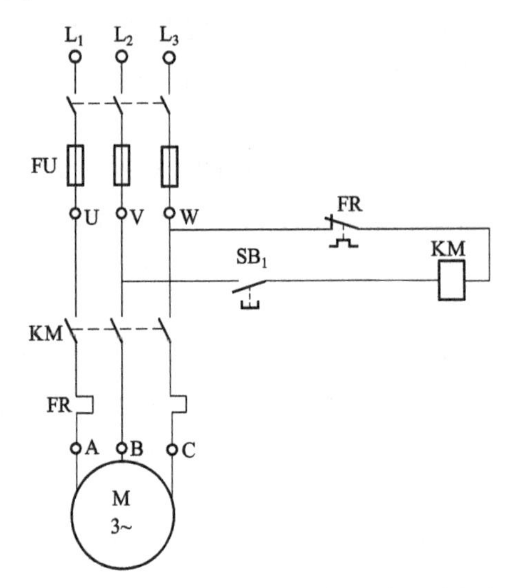

图 1.12.1 三相异步电动机的点动控制电路

（3）实验完毕，按电源控制屏停止按钮，切断电源。

2. 自锁控制

图 1.12.2 所示为自锁控制线路，它与图 1.12.1 的不同点在于控制电路中多串联一个常闭按钮，同时在 SB_2 上并联一个接触器 KM 的常开触点，它起自锁作用。

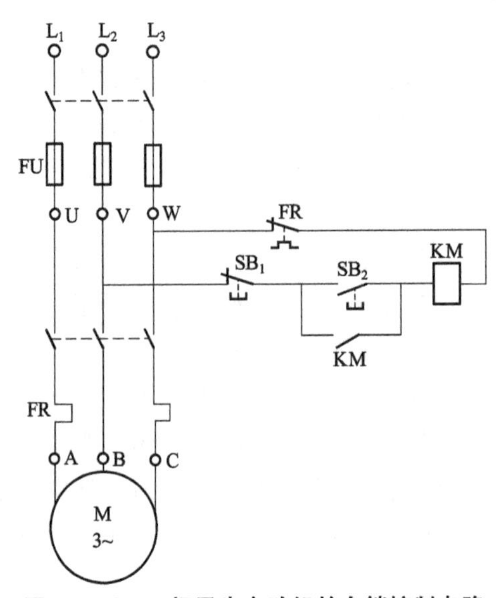

图 1.12.2 三相异步电动机的自锁控制电路

按图 1. 12. 2 接线，经教师检查后，方可进行通电操作。

（1）按电源控制屏启动按钮，接通 220 V 三相交流电源。

（2）按启动按钮 SB_2，松手后观察电机 M 是否继续运转。

（3）按停止按钮 SB_1，松手后观察电机 M 是否停止运转。

（4）按电源控制屏停止按钮，切断三相电源，拆除控制回路中自锁触点 KM，再接通三相电源，启动电机，观察电机及接触器的运转情况。从而验证自锁触点的作用。实验完毕，将自耦调压器调回零位，按电源控制屏停止按钮。

五、思考题

1. 为什么主回路只串联两只发热元件？以星形连接的负载为例，没有串联发热元件的一相发生过载时，是否也能得到保护？

2. 主回路中热继电器能起到什么保护作用？

六、实验报告要求

1. 总结继电控制实验的体会。

2. 当继电器线圈电压为 380 V 时，应该怎样改变实验线路？

实验十三　三相异步电动机的正反转控制

一、实验目的

1. 学习三相异步电动机正、反转控制电路的正确接线和操作过程

2. 进一步了解按钮开关、交流接触器和热继电器等常用控制电器的结构，熟悉其动作原理及功能

二、实验设备

1. 电工实验箱

2. 笼式异步电动机

三、预习要求

1. 复习三相异步电动机启动和正反转控制线路的工作原理

2. 复习复式按钮、交流接触器和热继电器等常用控制电器的结构

四、实验内容与步骤

图 1. 13. 1 为接触器联锁的正反转控制线路，按图接线，经指导教师检查后，方可通电进行如下操作：

（1）开启电源控制屏总开关，按启动按钮，调节调压器输出，使输出线电压为 220 V。

（2）按正向启动按钮 SB_1，观察并记录电机的转向和接触器的运行情况。

（3）按反向启动按钮 SB_2，观察并记录电机和接触器的运行情况。

（4）按停止按钮 SB，观察并记录电机的转向和接触器的运行情况。

（5）再按 SB_2，观察电机运行情况。

（6）实验完毕，按电源控制屏停止按钮，切断三相交流电源。

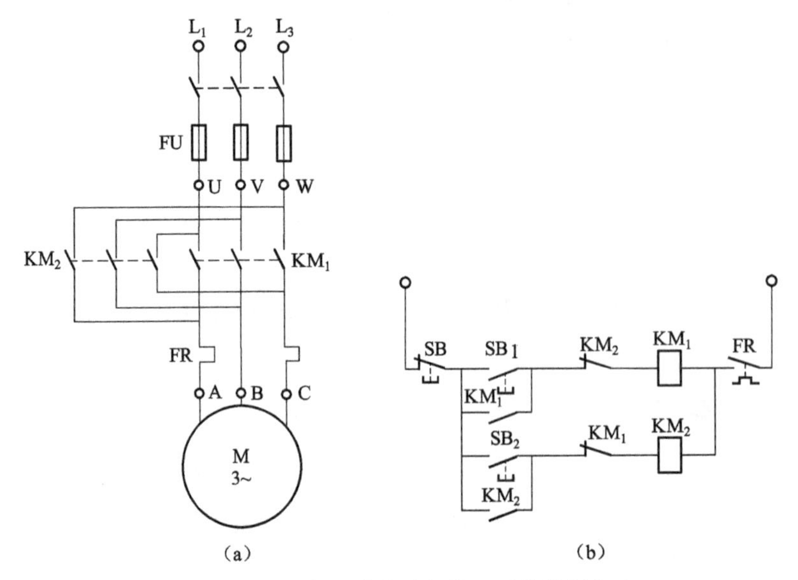

图 1. 13. 1 三相异步电动机的正反转控制电路

（a）主电路；（b）电气联锁控制电路

五、思考题

电动机稳速运行时，按下停止按钮后，立即按下反向启动按钮，这样的操作是否可以？

电工部分综合性实验——电阻温度计的制作

一、实验目的

1. 熟悉电桥电路的应用
2. 了解半导体热敏电阻的主要特性
3. 练习在给定任务下，自行计算元件数值，并进行安装及调试

二、原理说明

实验如图 1.14.1 电桥电路在满足 $R_1R_3=R_2R_4$ 时，b、d 两点间电位为零，若改变 R_4，则电桥条件被破坏，电流计 G 中将有电流通过，其电流大小随 R_4 而变，利用电桥这一特性可制成各种测试设备，电阻温度计是其中之一。

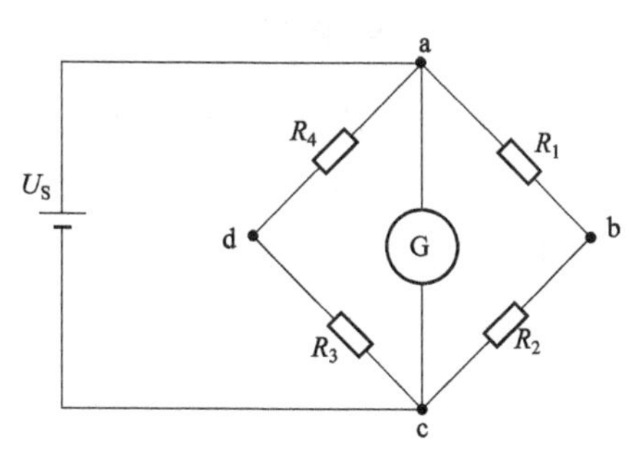

图 1.14.1　电桥电路

三、预习内容

1. 根据“实验内容及步骤”中给定的任务和条件，确定电路，计算元件值，列出所需的仪器设备

2. 根据选定的电路和“注意事项 2”中给定的数据，将 0～100 μA 的电流表表面改成指示 0 ℃～100 ℃温度计表面

四、实验内容

试制一电阻温度计，用以测量 0 ℃～100 ℃的温度，测量元件采用热敏电阻 R501，温度指示用 100 μA 电流表（内阻按 800 Ω 计算）。电源电压为 1.5 V。当确定电路和元件数值后，自行安装电阻温度计。根据计算结果在电流表上确定相应的温度刻度，最后进行实验校验。

五、仪器设备

自选。

六、注意事项

（1）电流表内阻是略小于 1 800 Ω 的，为了计算方便可选用整数，它可

以通过与电流表串联的电位器来调节。

（2）热敏电阻的标称值是 $t=25$ ℃时的电阻值。标称值是 1 kΩ 的热敏电阻 R501 在不同温度时的电阻值如表 1-14-1 所示。

表 1-14-1 不同温度时的阻值表

t/℃	0	10	20	30	40	50	60	70	80	90	100
R/Ω	3 000	1 850	1 180	800	550	350	240	180	140	110	80

七、实验报告要求

1. 确定电路和选取元件的结果。

2. 说明在装配和调试中出现的问题及解决方法。

3. 比较用电阻温度计和水银温度计同时测量一杯水的温度变化时的差异，并给出修正数据。

第二章

模拟电子技术实验

实验一　常用电子仪器使用练习

一、实验目的

1. 掌握常用电子仪器的基本功能并学习其正确的使用方法
2. 学习掌握用双踪示波器观察和测量波形的幅值、频率及相位差的方法

二、预习要求

上网查阅有关仪器设备说明

三、实验原理

在模拟电子电路实验中，经常使用的仪器有示波器、信号发生器、毫伏表、数字万用表等等。利用这些仪器可以对模拟电子电路的静态和动态工作情况进行测试。

（1）示波器是用于观察各种电信号的波形并测量电压的幅值、频率和相位差等综合参数的测量仪器。

（2）函数发生器是能产生多种波形的信号发生器，用于给被测电路提供所需波形、幅值和频率的测量信号。

（3）毫伏表是用于测量正弦交流信号电压大小的电压表，其读数为被测电压的有效值。

（4）数字万用表可用于测量交直流电压、电流，也可测量电阻、电容和半导体管的一些参数等。

四、实验内容与步骤

1. 信号源和毫伏表的使用练习

熟悉信号源面板上各操作钮的名称及功能。将信号源与交流毫伏表正确

连接起来，调节信号源幅度旋钮使其输出的有效值为 2 V 的正弦信号电压，并保持毫伏表指示为 2 V，改变信号源输入信号的频率，用万用表、毫伏表测量相应的电压值，记入表 2-1-1，并比较。

表 2-1-1 毫伏表、万用表使用练习

f/Hz	50	100	1 k	10 k	50 k	100 k	150 k	200 k	300 k	500 k	1 M
毫伏表读数/V	2										
万用表读数/V											
MD3051 万用表读数/V											

2. 示波器的使用练习

熟悉示波器面板上各旋钮的名称及功能，掌握正确使用时各旋钮应处的位置。接通电源，检查示波器的亮度、聚焦、位移各旋钮的作用是否正常，按下列内容依次对示波器进行操作并完成对应表格内容。

（1）用示波器测量电压、周期和频率

① 测量电压峰峰值。接入被测信号，读出屏幕上对应信号源的 V/div 的读数和屏幕上被测波形的峰-峰值格数 N，则被测信号的幅值 $U_{P-P}=N\times$(V/div)。注意探头衰减应放在 1∶1，如放在 1∶10，则被测值还需乘上 10。

② 测量周期、频率。接入被测信号，读出屏幕上的 t/div 的读数和一个完整周期的格数 M，则被测信号的周期 $T=M\times(t/\text{div})$，$f=1/T$。

将信号源、毫伏表和示波器正确连接起来。调节信号发生器使其分别输出 100 Hz、0.5 V，1 kHz、1 V 和 10 kHz、0.3 V 3 种不同频率和幅度的正弦信号，并测定出表 2-1-2 规定的内容。

表 2-1-2 示波器使用练习

信号源输出频率	毫伏表读数/V	示波器测量值						
		伏/格 /($\text{V}\cdot\text{div}^{-1}$)	秒/格 /($t\cdot\text{div}^{-1}$)	高度格数（峰-峰）	长度格数（一周期）	有效值/V	周期/ms	频率/Hz
100 Hz	0.5							
1 kHz	1							
10 kHz	0.3							

（2）用示波器测量相位差

按图 2.1.1 连接实验电路，经 RC 移相网络获得频率相同但相位不同的 2

路信号 U_i 或 U_R，分别加到双踪示波器的 CH_1 和 CH_2 输入端。按自动设置按钮，使在荧屏上显示出易于观察的 2 个相位不同的正弦波形 U_i 及 U_R，如图 2. 1. 2 所示。根据 2 个波形在水平方向差距 X 及信号周期 X_T 记入表 2-1-3，则可求得 2 个波形相位差 $\varphi=\frac{X}{X_T}\times 360°$。

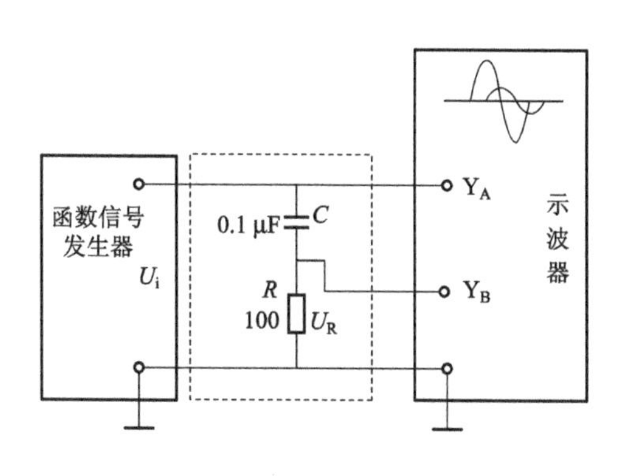

图 2. 1. 1　测量相位差电路图

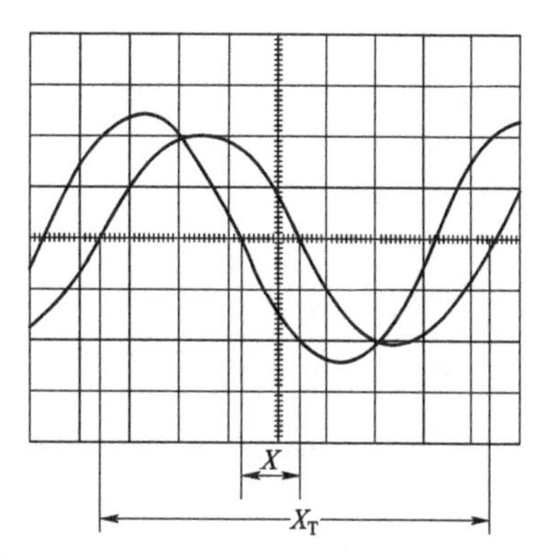

图 2. 1. 2　示波器波形示意图

表 2-1-3　示波器相位差

一周期格数	2 波形 X 轴差距格数	相位差	
		实测值	计算值
$X_T=$	$X=$	$\varphi=$	$\varphi=$

（3）用光标菜单测校正信号（U_{P-P}，T，f）

用示波器自带校准信号（方波 $f=1$ kHz，电压幅值 3 V）作为被测信号，用 CH_1 或 CH_2 通道显示此波形，练习使用光标菜单，读出其幅值及周期和频率，记入表 2-1-4 中。

表 2-1-4　示波器光标菜单使用练习

参　　数	标准值	实测值
幅值 U_{p-p}/V	3	
周期 T/ms	1	
频率 f/kHz	1	

（4）用测量菜单测量校正信号（上升时间，$U_{有效值}$，U_{P-P}，T，f）等

用示波器自带校准信号（方波 $f=1$ kHz，电压幅值 3 V）作为被测信号，用 CH_1 或 CH_2 通道显示此波形，练习使用测量菜单，读出其上升时间、U_{P-P}

和 $U_{有效值}$等，记入表 2-1-5 中。

表 2-1-5 示波器测量菜单使用练习

参数	上升时间	下降时间	上升时间	下降时间	…
数值					

五、实验仪器与设备

1. 示波器
2. 信号发生器
3. 交流毫伏表
4. 数字万用表

六、实验报告要求

1. 记录原始数据、波形及现象
2. 整理实验数据，按实验内容填入各表格中
3. 根据实验结果，分析得出实验结论
4. 实验体会。重点报告实验过程中的体会及收获哪些知识

七、实验思考题

1. 如何操作示波器有关旋钮，以便从示波器显示屏上观察到稳定、清晰的波形？

2. 信号发生器有哪几种输出波形？它的输出端能否短接，如用屏蔽线作为输出引线，则屏蔽层一端应该接在什么位置？

3. 交流毫伏表是用来测量正弦波电压还是非正弦波电压？它的表头指示值是被测信号的什么数值？它是否可以用来测量直流电压的大小？

实验二 共发射极放大电路

一、实验目的

1. 掌握放大电路静态工作点的测量和调试方法

2. 掌握放大电路交流放大倍数、输入电阻、输出电阻和通频带的测量方法

3. 研究静态工作点对输出波形的影响和负载对放大倍数的影响

二、预习要求

（1）复习单级放大电路内容，熟悉基本工作原理及性能参数的理论计算。

（2）根据实验电路图估算其静态工作点、电压放大倍数 A_u、输入电阻 R_i 及输出电阻 R_o，晶体管 $\beta=100$。

三、实验原理

单级共射放大电路是 3 种基本放大电路组态之一，基本放大电路处于线性工作状态的必要条件是设置合适的静态工作点 Q，工作点的设置直接影响放大器的性能。若 Q 点选得太高，会引起饱和失真；若选得太低会产生截止失真。放大器的动态技术指标是在有合适的静态工作点时，保证放大电路处于线性工作状态下进行测试的。共射放大电路具有电压增益大，输入电阻较小，输出电阻较大，带负载能力弱等特点。本实验采用基区分压式偏置电路，具有自动调节静态工作点的能力，所以当环境温度变化或者更换管子时，Q 点能够基本保持不变，其主要技术指标有：电压放大倍数 A_u，它反映了放大电路在输入信号控制下，将供电电源能量转换为信号能量的能力；输入电阻 R_i，它的大小决定了放大电路从信号源吸取信号幅值的大小；输出电阻 R_o，它的大小反映了放大电路的带负载能力；通频带 BW 越宽说明放大电路可正常工作的频率范围越大。各指标的表达式为：

➢ 电压放大倍数 $A_u=\dfrac{-\beta(R_c /\!/ R_L)}{r_{be}+(1+\beta)R_e}$

➢ 输入电阻 $R_i=R_{b1} /\!/ R_{b2} /\!/ (r_{be}+(1+\beta)R_e)$

➢ 输出电阻 $R_o \approx R_c$

➢ 通频带 $BW=f_H-f_L$

实验电路图如图 2. 2. 1 所示。

1. 静态工作点测试原理

为了获得最大不失真输出电压，静态工作点应选在输出特性曲线上交流负载线的中点。若工作点选得太高，易引起饱和失真，而选得太低，又易引起截止失真，如图 2. 2. 2 所示。

实验中，如果测得 $U_{CEQ}<0.5$ V，说明三极管已饱和；如果测得 $U_{CEQ} \approx U_{CC}$，则说明三极管已截止。对于线性放大电路，这 2 种工作点都是不可取的，必须进行参数调整。一般情况下，调整静态工作点，就是调整电路的电阻 R_b。R_b 调小，工作点升高；R_b 调大，工作点降低，从而使 U_{CEQ} 达到合适的值。由于放大电路中晶体管特性的非线性或不均匀性会造成非线性失真，为了降低这种非线性失真，对输入信号幅值要有一定的限制，不能太大。

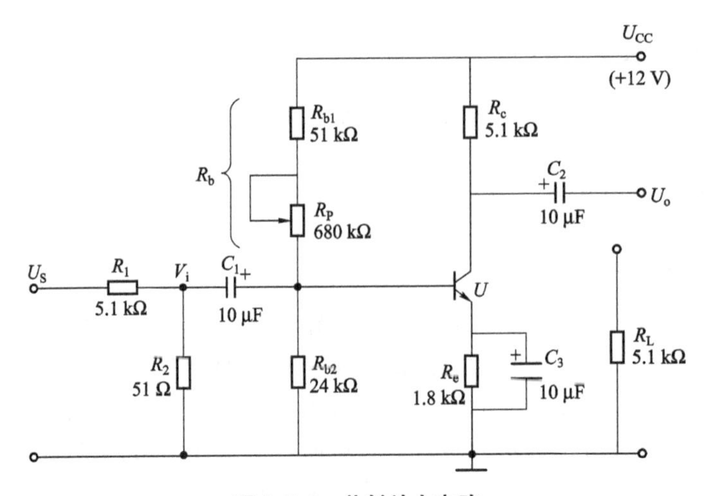

图 2.2.1　共射放大电路

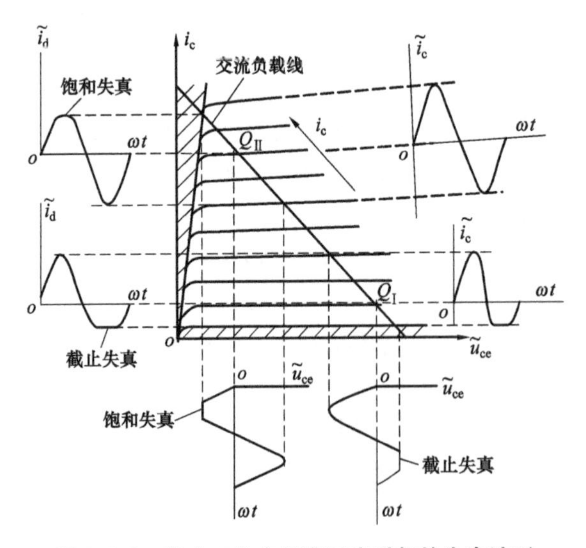

图 2.2.2　静态工作点设置不当引起的失真波形

2. 动态指标测试原理

放大电路的动态指标包括电压放大倍数、输入电阻、输出电阻及通频带等。

(1) 电压放大倍数 A_u 测量原理

电压放大倍数的测量实质上是对输入电压 u_i 与输出电压 u_o 的有效值 U_i 和 U_o 的测量。在实际测量时，应注意在被测波形不失真和测试仪表的频率范围符合要求的条件下进行。将所测出的 U_i 和 U_o 值代入式（2-2-1），则得到

的电压放大倍数为

$$A_u = \frac{U_o}{U_i} \tag{2-2-1}$$

放大倍数 A_u 是信号频率的函数，通常测得的是放大电路在中频段（f=1 kHz）的电压放大倍数，即中频电压增益。

（2）输入电阻、输出电阻测量原理

放大器的输入电阻 R_i 是向放大器输入端看进去的等效电阻，定义为输入电压 U_i 和输入电流 I_i 之比，即

$$R_i = \frac{U_i}{I_i} \tag{2-2-2}$$

测量 R_i 的方法很多，本实验采用的测量方法称为换算法，测量电路如图 2.2.3 所示。在信号源与放大器之间串入一个已知电阻 R，只要分别测出 U_S 和 U_i，则输入电阻为：

$$R_i = \frac{U_i}{I_i} = \frac{U_i}{U_R/R} = \frac{U_i}{U_S - U_i} R \tag{2-2-3}$$

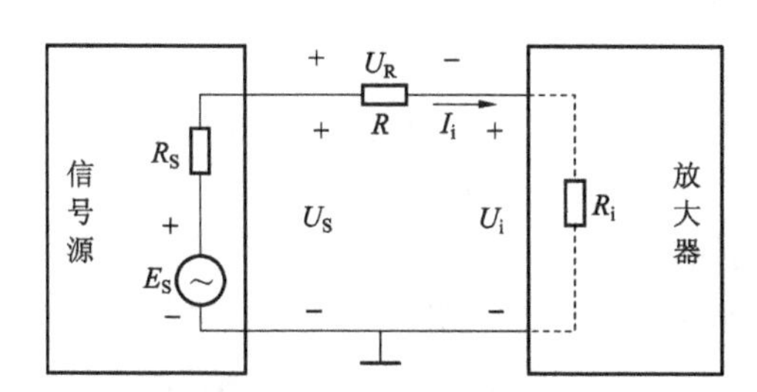

图 2.2.3 换算法测量 R_i 的原理图

放大器的输出电阻是将输入电压源短路时从输出端向放大器看进去的等效内阻。和测量 R_i 一样，仍用换算法测量 R_o，测量电路如图 2.2.4 所示。

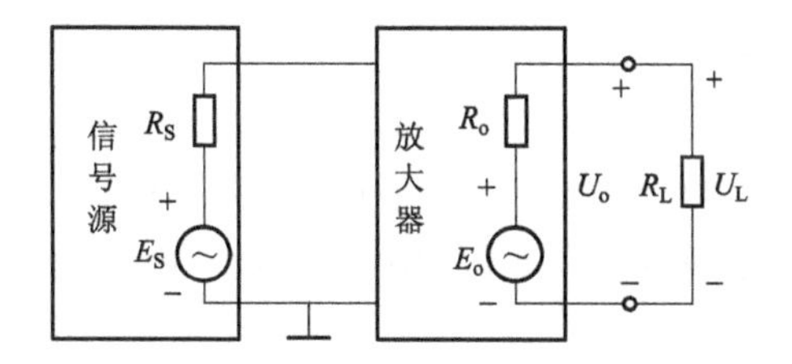

图 2.2.4 换算法测量 R_o 的原理图

在放大器输入端加入一个固定信号电压分别测量负载 R_L 断开和接上时输出电压 U_o、U_L，求得输出电阻为：

$$R_o=\left(\frac{U_o}{U_L}-1\right)R_L \tag{2-2-4}$$

（3）通频带的测量原理

频率响应的测量实质上是对不同频率时放大倍数的测量，一般用逐点法进行测量。在保持输入信号幅值不变的情况下，改变输入信号的频率，逐点测量对应于不同频率时的电压增益，在对数坐标纸画出各频率点的输出电压值并连成曲线，即为放大电路的频率响应。

通常将放大倍数下降到中频电压放大倍数的 0.707 倍时，所对应的频率定义为放大电路上、下截止频率，分别用 f_H 和 f_L 表示，则放大电路的通频带为

$$BW=f_H-f_L \tag{2-2-5}$$

四、实验内容及步骤

1. 静态测量与调整

（1）用万用表判断实验箱上三极管的极性和好坏。

（2）按图 2.2.1 所示连接电路（注意：关断电源后再连线），将 R_P 的阻值调到最大位置。

（3）接线完毕仔细检查，确定无误后接通电源。改变 R_P，使 $I_C\approx$ 1.2 mA，此时静态工作点选在交流负载线的中点。一般不用测量电流的方法得到 Q 点，而是用测量电压的方法，即使 $U_C=U_{CC}-I_CR_C\approx 6$ V，用万用表的直流电压挡测量出此时放大电路的静态工作点，将结果填入表 2-2-1。

表 2-2-1　静态工作点测量数据

实测			实测计算	
U_C/V	U_B/V	U_E/V	U_{CE}/V	U_{BE}/V

2. 动态指标测量

（1）按图 2.2.1 所示电路接线，负载电阻取 5.1 kΩ。

（2）将信号发生器的输出信号频率调到 $f=1$ kHz，接到放大电路的输入端，调节 U_S 的大小，使 $U_i=5$ mV。用示波器观察 U_i 和 U_o 端波形，并比较相位。

（3）用毫伏表测量不接 R_L 时的输出电压 U_o 和接入 R_L 时输出电压 U_L 值并填表 2-2-2。计算 $A_u=U_o/U_i$ 和 $A_{ul}=U_L/U_i$。

（4）计算输出电阻 $R_o=\left(\frac{U_o}{U_L}-1\right)R_L$，用毫伏表测量输入端信号 U_S，计算

输入电阻 $R_i=\dfrac{U_i}{U_S-U_i}R$ 并填入表 2-2-3。

表 2-2-2　电压放大倍数测量数据

实测				实测计算	
U_S/mV	U_i/mV	U_o/V	U_L/V	A_{uo}	A_{ul}

表 2-2-3　输入电阻、输出电阻测量数据

输入电阻	输出电阻

（5）通频带的测量。保持输入信号 $U_i=5$ mV 不变，改变输入信号的频率，使输出电压下降到 $U_L'=0.707U_L$，可读出信号源对应的 2 个频率，分别为下限截止频率 f_L 和上限截止频率 f_H，并求出通频带宽 BW。

3. 观察由于静态工作点选择不合理而引起输出波形的失真

调节 U_S，使 $U_i=8$ mV 左右。这时，输出信号应为不失真的正弦波。

（1）将 R_P 的阻值增至最大，观察输出波形是否出现截止失真？在表 2-2-4 中描下此时的波形（若波形失真不够明显，可适当加大 U_S）。

（2）将 R_P 的阻值减小，观察输出波形是否出现饱和失真？在表 2-2-4 中描下此时的波形。

表 2-2-4　输出失真波形图

工作状态	输出波形
饱和	
截止	

五、实验仪器与设备

1. 电子技术实验箱
2. 示波器
3. 信号发生器
4. 万用表
5. 交流毫伏表

六、实验报告要求

1. 原始记录（数据、波形、现象）。
2. 画出实验电路，简述所做实验内容及结果。
3. 整理实验数据，按内容要求填入各表格中，并与理论估算值比较。
4. 根据实验结果，讨论静态工作点变化对放大器性能的影响。
5. 实验体会。重点报告实验中体会较深、收获较大的一两个问题（如果实验中出现故障，应将分析故障、查找原因作为报告的重点内容）。

七、思考题

1. 不用示波器观察输出波形，仅用晶体管毫伏表测量所得出的放大电路的输出电压值 U_o，是否有意义？

2. 图 2-2-1 所示电路中，上偏置电阻 R_{b1}起什么作用？既然有了 R_P，去掉该电阻可否？为什么？

3. 改变静态工作点，对放大电路有何影响？如果输出波形出现失真应如何调整电路？

实验三　负反馈放大电路

一、实验目的

1. 研究负反馈对放大电路性能的影响
2. 掌握负反馈放大电路性能的测试方法

二、预习要求

1. 复习负反馈的基本概念及工作原理

2. 设图 2.3.1 电路晶体管 β 值为 40，计算该放大电路开环和闭环电压放大倍数

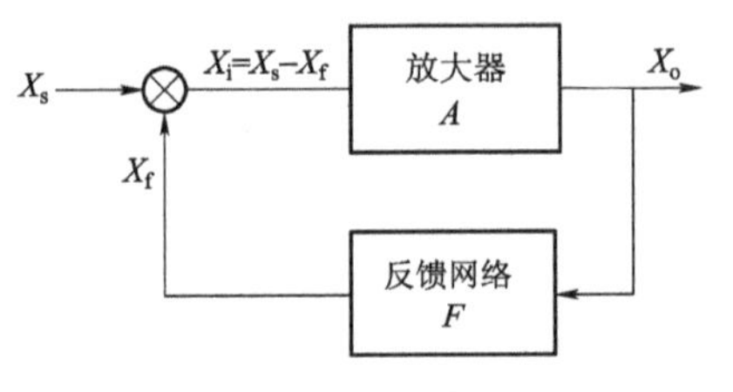

图 2.3.1　负反馈放大电路原理框图

三、实验原理

负反馈放大电路的原理框图如图 2.3.1。

图中 X_o 为输出量，X_f 为反馈量，X_i 为净输入量。负反馈放大电路的一般关系式为：$A_f=\dfrac{X_o}{X_s}=\dfrac{A}{1+AF}$，其中 $A=\dfrac{X_o}{X_i}$为开环增益，$F=\dfrac{X_f}{X_o}$为反馈系数。在

$AF \gg 1$ 的条件下，即所谓的深度负反馈情况下，$A_f \approx \frac{1}{F}$，即负反馈放大器的增益仅由外部反馈网络来决定，与放大器本身的参数无关。$(1+AF)$ 称为反馈深度，负反馈对放大器性能改善的程度均与 $(1+AF)$ 有关。

负反馈对放大器性能主要有以下的影响：

1. 降低了增益。

2. 提高了增益的稳定性。

3. 改变了输入电阻，串联负反馈使输入电阻增加，并联负反馈使输入电阻减小。

4. 改变输出电阻，电压负反馈使输出电阻减小，电流负反馈使输出电阻增加。

5. 拓展了通频带。

本实验电路为电压串联负反馈，引入这种反馈会增大输入电阻，减小输出电阻，公式如下：

$$A_f = \frac{A}{1+AF}$$

$$f_{Hf} = (1+AF) f_H \tag{2-3-1}$$

$$f_{Lf} = \frac{f_L}{1+AF}$$

$$R_{if} = (1+AF) R_i$$

$$R_{of} = \frac{R_o}{1+AF} \tag{2-3-2}$$

分析本实验电路图 2. 3. 2，与两级分压偏置电路相比，增加了 R_6，R_6 引入电压交直流负反馈，从而加大了输入电阻，减小了放大倍数。此外 R_6 与 R_F、C_F 形成了负反馈回路，从电路上分析：

$$F = \frac{U_f}{U_o} \approx \frac{R_6}{R_6 + R_F} = \frac{1}{31} = 0.323 \tag{2-3-3}$$

四、实验内容及步骤

1. 静态工作点的测量

在实验箱上按图 2. 3. 2 连接，分别测量 2 个三极管 3 个极对地电压，并将结果填入表 2-3-1 中。

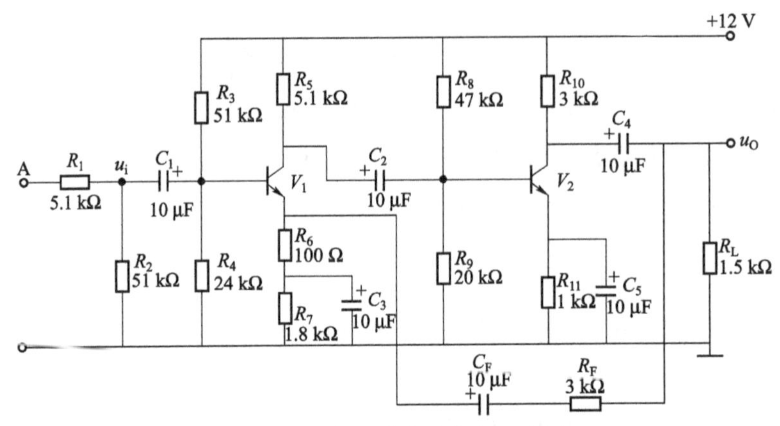

图 2.3.2　负反馈放大电路实验图

表 2-3-1　静态工作点测量数据

	U_C/V	U_B/V	U_E/V	U_{BE}/V
U_1				
U_2				

2. 动态性能测试

（1）开环电路

按图接线，反馈电阻 R_F 先不接入。输入端接入 $U_i = 1$ mV，$f = 1$ kHz 的正弦波。按表 2-3-2 要求进行测量带负载和不带负载时的输出电压，并根据实测值计算开环放大倍数和输出电阻 R_o，其中 $A_u = U_o/U_i$，输出电阻由公式 $R_o = \left(\frac{U_o}{U_L} - 1\right) R_L$ 计算。

（2）闭环电路

接通 R_F 和 C_F，输入端接入 $U_i = 1$ mV，$f = 1$ kHz 的正弦波。按表 2-3-2 要求进行测量带负载和不带负载时的输出电压，并根据实测值计算闭环放大倍数和输出电阻 R_o，其中 $A_{uf} = \frac{U_o}{U_i}$，输出电阻由公式 $R_o = \left(\frac{U_o}{U_L} - 1\right) R_L$ 计算。

表 2-3-2　动态性能测试数据

	R_L/kΩ	U_i/mV	U_o/mV	A_{uf}	R_o/Ω
开环	∞	0.5			
	1.5	0.5			
闭环	∞	1			
	1.5	1			

（3）通频带的测量

保持输入信号 $U_i=1$ mV 不变，改变输入信号的频率，使输出电压下降到 $U_L'=0.707U_L$，可读出信号源对的 2 个频率，分别为下限截止频率 f_L 和上限截止频率 f_H。分别测量开环和闭环情况下的通频带，并将结果填入表 2-3-3 中。

表 2-3-3　通频带测量数据

	f_H/Hz	f_L/Hz	BW/Hz
开环			
闭环			

五、实验仪器与设备

1. 电子技术实验箱
2. 示波器
3. 信号发生器
4. 万用表
5. 交流毫伏表

六、实验报告要求

1. 将实验值与理论值比较，分析误差原因。
2. 根据实验内容总结负反馈对放大电路的影响。

七、思考题

1. 计算（$1+AF$）的值，比较开环、闭环测得的数据是否与之有关？
2. 对多级放大电路应从末级向输入级引入负反馈，为什么？

实验四　射极跟随器

一、实验目的

1. 掌握射极跟随电路的特性及测量方法
2. 进一步学习放大电路各项参数测量方法

二、预习内容

1. 参照教材有关章节内容，熟悉射极跟随电路原理及特点

2. 根据图 2.4.1 元器件参数，估算静态工作点，画交直流负载线

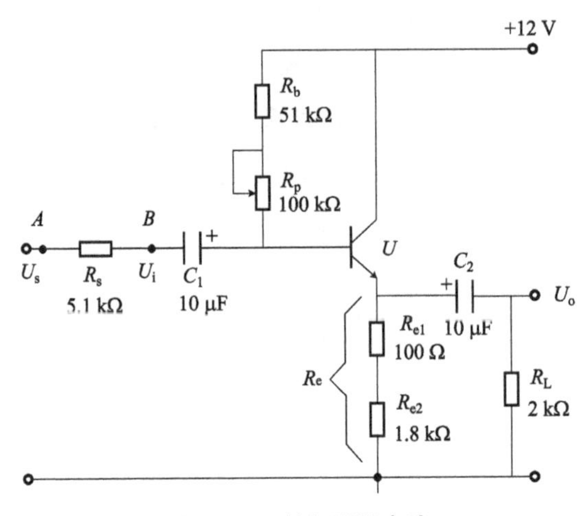

图 2.4.1 射极跟随电路

三、实验原理

共集电极放大电路，由输出电压从发射极获得且放大倍数接近 1，也被称为射极跟随器。分析交流等效电路，有公式如下：

$$U_i = i_b r_{be} + (1+\beta) i_b (R_e \| R_L), U_O = (1+\beta) i_b (R_e \| R_L) \qquad (2-4-1)$$

$$A_u = \frac{(1+\beta)(R_e \| R_L)}{r_{be} + (1+\beta)(R_e \| R_L)}, r_i' = r_{be} + (1+\beta)(R_e \| R_L), r_i = r_i' \| R_B \quad (2-4-2)$$

$$R_O = \frac{r_{be}}{1+\beta} \| R_e \qquad (2-4-3)$$

由以上公式可知，由于一般有 $(1+\beta)(R_e \| R_L) >> r_{be}$，所以 $A_u \approx 1$，由于 $i_e >> i_b$，因而仍有功率放大作用。输入电阻比共射放大电路大得多，r_i' 可达几十千欧到几百千欧；输出电阻很小，R_O 可达到几十欧姆。因而此电路从信号源索取电流小且带负载能力强，所以常用于多级放大电路的输入输出极，也常作为联接缓冲作用。

四、实验内容与步骤

1. 静态工作点的调整

按图 2.4.1 电路接线。将电源+12 V 接上，在 A 点加 f=1 kHz 正弦波信号，输出端接示波器并观察，反复调整 R_P 及信号源输出幅度，使输出幅度在示波器屏幕上得到一个最大不失真波形，然后断开输入信号，用万用表测量晶体管各级对地的电位，即为该放大器静态工作点，将所测数据填

入表 2-4-1。

表 2-4-1　静态工作点测量数据

	U_E/V	U_B/V	U_C/V
测量值			

2. 测量电压放大倍数 A_U

接入负载 $R_L=2\ \text{k}\Omega$。在 B 点加入 $f=1$ kHz 正弦波信号，调输入信号幅度（此时偏置电位器 R_P 不能再旋动），用示波器观察，在输出最大不失真情况下测 U_i 和 U_L 值，将所测数据填入表 2-4-2 中。

表 2-4-2　电压放大倍数测量数据

U_i/V	U_L/V	$A_U=\dfrac{U_L}{U_i}$

3. 测量输出电阻 R_0

在 A 点加入 $f=1$ kHz 正弦波信号，$U_i=100$ mV 左右，接上负载 $R_L=2\ \text{k}\Omega$ 时，用示波器观察输出波形，测空载时输出电压 U_0（$R_L=\infty$），加负载时输出电压 U_L（$R=2\ \text{k}\Omega$）的值。

则

$$R_0=\left(\frac{U_0}{U_L}-1\right)R_L$$

将所测数据填入表 2-4-3 中。

表 2-4-3　输出电阻测量数据

U_i/mV	U_0/mV	U_L/mV	$R_0=\left(\dfrac{U_0}{U_L}-1\right)R_L$

4. 测量放大电路输入电阻 R_i（采用换算法）

在输入端串入 $R_S=5.1\ \text{k}\Omega$ 电阻，A 点加入 $f=1$ kHz 的正弦波信号，用示波器观察输出波形，用毫伏表分别测 A、B 点对地电位 U_S、U_i。

则

$$r_i=\frac{U_i}{U_S-U_i}\cdot R_S=\frac{R_S}{\dfrac{U_S}{U_i}-1}$$

将测量数据填入表2-4-4。

表2-4-4 输入电阻测量数据

U_S/V	U_i/V	$R_i=\dfrac{R}{U_S/U_i-1}$

五、实验仪器与设备

1. 电子技术实验箱
2. 示波器
3. 信号发生器
4. 交流毫伏表
5. 数字万用表

六、实验报告要求

1. 绘出实验原理电路图，标明实验的元件参数值。

2. 整理实验数据及说明实验中出现的各种现象，得出有关的结论；画出必要的波形及曲线。

3. 将实验结果与理论计算比较，分析产生误差的原因。

七、思考题

1. 分析比较射极跟随器电路和共射放大电路的性能和特点，上述两种电路分别适用在什么场合?

2. 是否有其他方法来测试电路中的输入电阻？请自拟测试方法。

实验五　差动放大电路

一、实验目的

1. 熟悉差动放大电路工作原理
2. 掌握差动放大电路的基本测试方法

二、预习要求

1. 复习差动放大电路的原理
2. 计算图2.5.1的静态工作点（设 $r_{be}=3\ \text{k}\Omega$，$\beta=100$）及电压放大倍数

三、实验原理

差分放大电路是构成多级直接耦合放大电路的基本单元电路，由典型的工作点稳定电路演变而来。特点是静态工作点稳定，对共模信号有很强的抑制能力，它唯独对输入信号的差（差模信号）做出响应。为进一步减小零点漂移问题而使用了对称晶体管电路，以牺牲一个晶体管放大倍数为代价获取了低温飘的效果。它还具有良好的低频特性，可以放大变化缓慢的信号，由于不存在电容，可以不失真地放大各类非正弦信号如方波、三角波等等。差分放大电路有四种接法：双端输入单端输出、双端输入双端输出、单端输入双端输出、单端输入单端输出。

由于差分电路分析一般基于理想化（不考虑元件参数不对称），因而很难作出完全分析。为了进一步抑制温飘，提高共模抑制比，实验所用电路使用V3 组成的恒流源电路来代替一般电路中的 R_e，它的等效电阻极大，从而在低电压下实现了很高的温漂抑制和共模抑制比。为了达到参数对称，因而提供了 R_{P1}来进行调节，称之为调零电位器。实际分析时，如认为恒流源内阻无穷大，那么共模放大倍数 $A_C=0$。分析其双端输入双端输出差模交流等效电路，分析时认为参数完全对称。

设 $\beta_1=\beta_2=\beta$，$r_{be1}=r_{be2}=r_{be}$，$R'=R''=\dfrac{R_{P1}}{2}$，因此有公式如下：

$$\Delta u_{id}=2\Delta i_{b1}[r_{be}+(1+\beta)R'],\Delta u_{od}=-2\beta\Delta i_{b1}\cdot\left(R_c\left\|\frac{R_L}{2}\right.\right) \tag{2-5-1}$$

差模放大倍数 $A_d=\dfrac{\Delta u_{od}}{\Delta u_{id}}=-\beta\dfrac{R_c\left\|\dfrac{R_L}{2}\right.}{r_{be}+(1+\beta)R'}=2A_{d1}=2A_{d2}$，$R_O=2R_c$

同理分析双端输入单端输出有：

$$A_d=-\frac{1}{2}\beta\frac{R_c\|R_L}{r_{be}+(1+\beta)R'},R_O=R_c \tag{2-5-2}$$

单端输入时：其 A_d、R_O 由输出端是单端或是双端决定，与输入端无关。其输出必须考虑共模放大倍数：

$$U_O=A_d\Delta u_i+A_c\frac{\Delta u_i}{2} \tag{2-5-3}$$

无论何种输入输出方式，输入电阻不变：$r_i'=2[r_{be}+(1+\beta)R']$。

四、实验内容及步骤

实验电路如图 2. 5. 1 所示。

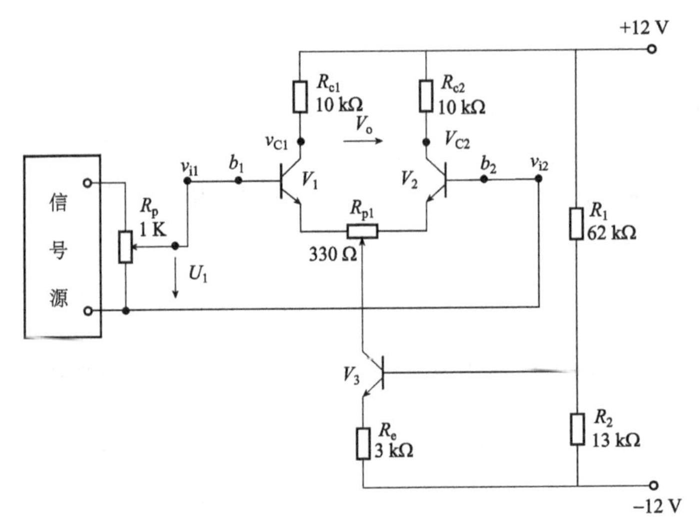

图 2.5.1 差动放大电路实验原理图

1. 测量静态工作点

(1) 调零

将输入端短路并接地，接通直流电源，调节电位器 R_{P1} 使双端输出电压 $V_0=0$。

(2) 测量静态工作点

测量三极管 V_1、V_2 各极对地电压填入表 2-5-1 中。

表 2-5-1 静态工作点测量数据

对地电压	U_{E1}	U_{B1}	U_{C1}	U_{E2}	U_{B2}	U_{C2}
测量值/V						

2. 测量差模电压放大倍数

在输入端加入直流电压信号 $V_{id}=\pm 0.1$ V 按表 2-5-2 要求测量并记录，由测量数据算出单端和双端输出的电压放大倍数。注意：先将 DC 信号源 OUT1 和 OUT2 分别接入 V_{i1} 和 V_{i2} 端，然后调节 DC 信号源，使其输出为 +0.1 V 和 −0.1 V。

表 2-5-2 差模输入动态测量数据

测量及计算值 / 差模输入 V_i	测量值/V			计算值		
	V_{c1}	V_{c2}	$V_{0双}$	A_{d1}	A_{d2}	$A_{d双}$
+0.1 V						
−0.1 V						

3. 测量共模电压放大倍数

将输入端 b_1、b_2短接，接到信号源的输入端，信号源另一端接地。DC 信号分先后接 OUT1 和 OUT2，分别测量并填入表 2-5-3。由测量数据算出单端和双端输出的电压放大倍数，进一步算出共模抑制比 $CMRR=\left|\frac{A_d}{A_c}\right|$。

表 2-5-3　共模输入动态测量数据

测量及计算值 / 共模输入 V_i	测量值/V			计算值		
	V_{c1}	V_{c2}	$V_{0双}$	A_{c1}	A_{c2}	$A_{C双}$
0.1 V						
0.1 V						

4. 在实验板上组成单端输入的差放电路进行下列实验

（1）在图 2-5-1 中将 b_2接地，组成单端输入差动放大器，从 b_1端输入直流信号 $V=\pm0.1$ V，测量单端及双端输出，填表 2-5-4 记录电压值。计算单端输入时的单端及双端输出的电压放大倍数。并与双端输入时的单端及双端差模电压放大倍数进行比较。

表 2-5-4　差放电路动态测量数据

测量仪计算值 / 输入信号	电压值			双端放大倍数 A_V	单端放大倍数	
	V_{c1}	V_{c2}	V_o		A_{V1}	A_{V2}
直流+0.1 V						
直流-0.1 V						
正弦信号（50 mV、1 kHz）						

（2）从 b_1端加入正弦交流信号 $V_i=0.05$ V，$f=1\ 000$ Hz，分别测量、记录单端及双端输出电压，填入表 2-5-4 计算单端及双端的差模放大倍数。

（注意：输入交流信号时，用示波器监视 v_{C1}、v_{C2}波形，若有失真现象时，可减小输入电压值，使 v_{C1}、v_{C2}都不失真为止。）

五、实验仪器与设备

1. 电子技术实验箱
2. 示波器
3. 信号发生器
4. 万用表
5. 交流毫伏表

六、实验报告要求

1. 根据实测数据计算图 2-5-1 电路的静态工作点，与预习计算结果相比较。
2. 整理实验数据，计算各种接法的 A_d，并与理论计算值相比较。
3. 计算实验步骤 3 中 A_C 和 CMRR 值。
4. 总结差放电路的性能和特点。

七、思考题

1. 调零时，应该用万用表还是毫伏表来测量差动放大器的输出电压?

2. 为什么不能用毫伏表直接测量差动放大器的双端输出电压 V_{0d}，而必须由测量 V_{od1} 和 V_{od2}，再经计算得到?

实验六　集成运放基本运算电路

一、实验目的

1. 掌握用集成运算放大电路组成比例、求和电路的特点及性能
2. 学会上述电路的测试和分析方法

二、预习要求

1. 复习集成运放组成反相比例、同相放大、求和及求差电路的方法
2. 复习上述运算电路放大倍数的估算方法

三、实验原理

集成运算放大器是一种具有高电压放大倍数的直接耦合多级放大电路。当外部接入不同的线性或非线性元器件组成输入和负反馈电路时，可以灵活地实现各种特定的函数关系。在线性应用方面，可组成比例、加法、减法、积分、微分、对数等模拟运算电路。

在大多数情况下，将运放视为理想运放，就是将运放的各项技术指标理想化，满足下列条件的运算放大器称为理想运放。

➢ 开环电压增益 $A_{ud}=\infty$；

➢ 输入阻抗 $R_i=\infty$；

➢ 输出阻抗 $R_o=0$；

➢ 带宽 $f_{BW}=\infty$；

➢ 失调与漂移均为零等。

理想运放在线性应用时的 2 个重要特性：

1. 输出电压 u_o 与输入电压之间满足关系式

$$u_o = A_{ud}(u_+ - u_-) \tag{2-6-1}$$

由于 $A_{ud}=\infty$，而 u_o 为有限值，因此，$u_+ - u_- \approx 0$。即 $u_+ \approx u_-$，称为“虚短”。

2. 由于 $R_i=\infty$，故流进运放 2 个输入端的电流可视为零，即 $i_{IB}=0$，称为“虚断”。这说明运放对其前级吸取电流极小。

上述 2 个特性是分析理想运放应用电路的基本原则，可简化运放电路的计算。

四、实验内容及步骤

1. 反相比例放大电路

电路如图 2.6.1 所示，电路为电压并联负反馈，由“虚短”有：

$$u_A = u_B = 0\ \text{V},\ i_i = \frac{u_i - u_A}{R_1} = \frac{u_i}{R_1} \tag{2-6-2}$$

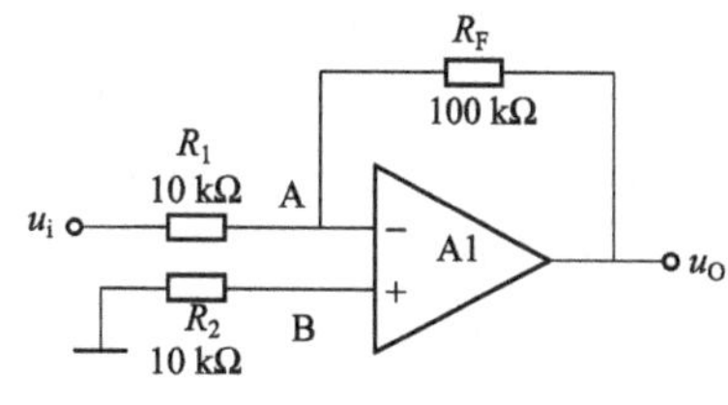

图 2.6.1　反相比例放大电路

由“虚断”有：

$$i_f = i_i = \frac{u_i}{R_1},\ u_o = u_A - i_f \cdot R_f = -\frac{R_f}{R_1} u_i \tag{2-6-3}$$

按照图 2.6.1 接好电路，在反相端加入直流信号电压 V_i。按表 2-6-1 要求调节 U_i 值，用电压表的 V 档分别测出相对应的输出电压 U_o，并与理论估计值比较。

表 2-6-1　反相比例放大电路测量数据

直流输入电压 U_i/V		0.2	-0.3
输出电压 U_O	理论估算/V		
	实际值/V		
	误差/mV		

2. 同相比例放大电路

电路如图 2.6.2 所示，电路为电压串联负反馈，由“虚断”有 $i_+ = i_- = 0$，则 $u_B = u_i$，由“虚短”有 $u_A = u_B = u_i$，则 $u_o = \frac{u_A}{R_1}(R_1 + R_F) = \left(1 + \frac{R_F}{R_1}\right) u_i$。

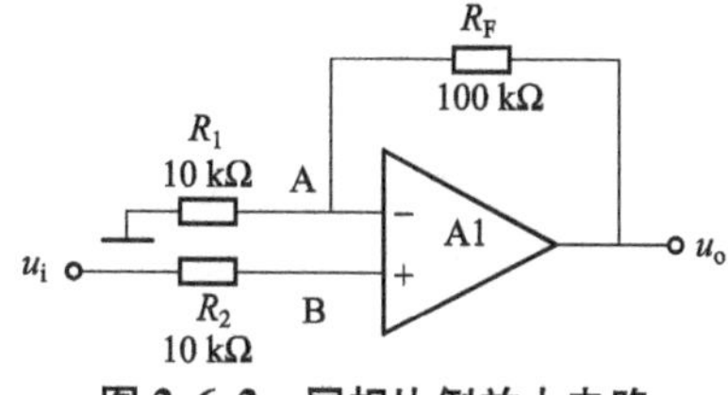

图 2.6.2　同相比例放大电路

按照图 2.6.2 接好电路，在同相端加入直流信号电压 U_i。按表 2-6-2 要求调节 U_i 值，用电压表的 V 档分别测出相对应的输出电压 U_o，并与理论估计值比较。

表 2-6-2　同相比例放大电路测量数据

直流输入电压 U_i/V		0.2	-0.3
输出电压 U_o	理论估算/V		
	实际值/V		
	误差/mV		

3. 电压跟随电路

电路如图 2.6.3 所示，电路为电压串联负反馈，根据“虚短”有 $u_o=u_-\approx u_+$。按照图 2.6.3 接好电路，在同相输入端加入直流信号电压 U_i。按表 2-6-3 要求调节 U_i 值，用电压表的 V 档分别测出相对应的输出电压 U_o，并与理论估计值比较。

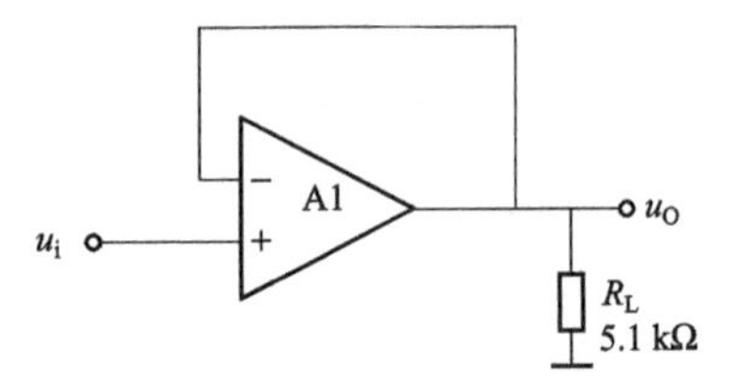

图 2.6.3　电压跟随电路

表 2-6-3　电压跟随电路测量数据

直流输入电压 U_i/V		0.2	-0.3
输出电压 U_O	理论估算/V		
	实际值/V		
	误差/mV		

4. 反相求和放大电路

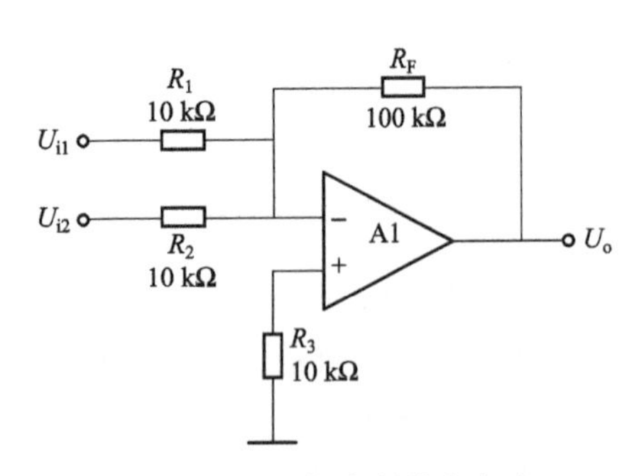

图 2.6.4　反相求和放大电路

实验电路如图 2.6.4 所示，电路为电压并联负反馈，分析方法与图 2.6.2 一样：$U_o=-R_F\left(\frac{U_{i1}}{R_1}+\frac{U_{i2}}{R_2}\right)$，按照图 2.6.4 接好电路，在反相端加入直流信号电压 U_{i1}和 U_{i2}，按表 2-6-4 要求调节 U_i 值，用电压表的 V 档分别测出相对应的输出电压 U_o，并与理论估计值比较。

表 2-6-4　反相求和放大电路测量数据

U_{i1}/V	0.3	-0.3
U_{i2}/V	0.2	0.2
U_o/V		
$U_{o估}$/V		

5. 减法放大电路

实验电路如图 2.6.5 所示，电路为电压串并联反馈电路，由“虚短”“虚断”分析得：$U_o=\frac{R_3}{R_2+R_3}\cdot\frac{R_1+R_F}{R_1}U_{i2}-\frac{R_F}{R_1}U_{i1}=10(U_{i2}-U_{i1})$。按照图 2.6.5 接好电路，在反相端和同相端分别加入直流信号电压 U_{i1} 和 U_{i2}，按表 2-6-5 要求调节 U_i 值，用电压表的 V 档分别测出相对应的输出电压 U_o，并与理论估计值比较。

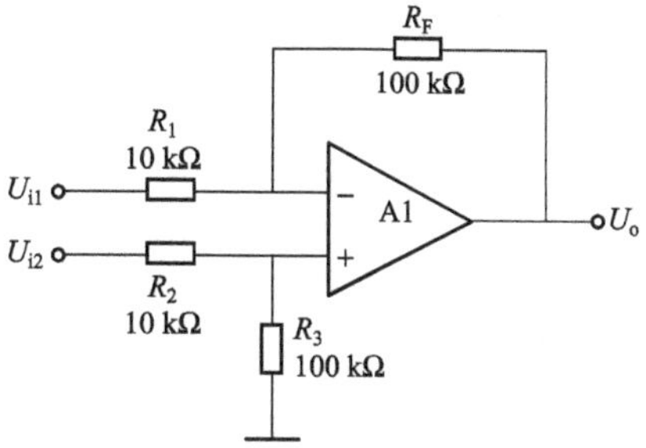

图 2.6.5　减法放大电路

表 2-6-5　减法放大电路测量数据

U_{i1}/V	2	0.2
U_{i2}/V	1.8	-0.2
U_o/V		
$U_{o估}$/V		

五、实验仪器与设备

1. 数字万用表
2. 电子技术实验箱

六、实验报告要求

1. 总结本实验中 5 种运算电路的特点及性能。
2. 分析理论计算与实验结果误差的原因。
3. 实验的心得体会。

七、思考题

1. 运算放大器作比例放大时，R_1 与 R_f 的阻值误差为±10%，试问如何分析和计算电压增益的误差？

2. 是否一定要先进行相位补偿、后调零？为什么？

实验七　有源滤波器

一、实验目的

1. 熟悉有源滤波电路构成及其特性
2. 学会测量有源滤波电路幅频特性

二、预习内容

1. 预习教材有关滤波电路内容
2. 分析图 2.7.1、图 2.7.2、图 2.7.3 所示电路，写出它们的增益特性表达式
3. 计算图 2.7.1、图 2.7.2 电路的截止频率，图 2.7.3 电路的中心频率
4. 画出三个电路的幅频特性曲线。

三、实验原理

滤波器的功能是让特定频率段的正弦信号通过而抑制衰减其他频率信号功能的双端口网络，常用 RC 元件构成无源滤波器，也可加入运放单元构成有源滤波器。无源滤波器结构简单、可通过大电流，但易受负载影响、对通带信号有一定衰减，因此在信号处理时多使用有源滤波器。根据幅频特性所表示的通过和阻止信号频率范围的不同，滤波器共分为低通滤波器、高通滤波器、带通滤波器、带阻滤波器、全通滤波器五种。

1. 低通滤波电路

二阶有源低通滤波器如图 2.7.1 所示，由拉普拉斯变换分析可得：

$$A_u(S)=\frac{\frac{R_F}{R_1}+1}{1+\left(2-\frac{R_F}{R_1}\right)RCS+C^2R^2S^2}，取\ A_{up}=1+\frac{R_F}{R_1},\ Q=\frac{1}{3-A_{up}},\ \omega_0=\frac{1}{RC},f_0=\frac{1}{2\pi RC}$$

则

$$|A_u(j\omega)|=\frac{A_{up}}{\sqrt{\left[1-\left(\frac{\omega}{\omega_0}\right)^2\right]^2+\left(\frac{1}{Q}\cdot\frac{\omega}{\omega_0}\right)^2}}$$

2. 高通滤波电路

二阶有源高通滤波器如图 2.7.2 所示，由拉普拉斯变换分析可得：

$$A_u(S)=\frac{\frac{R_F}{R_1}+1}{1+\left(2-\frac{R_F}{R_1}\right)\frac{1}{RCS}+\left(\frac{1}{RCS}\right)^2}$$，取 $A_{up}=1+\frac{R_F}{R_1}$，$Q=\frac{1}{3-A_{up}}$，$\omega_0=\frac{1}{RC}$，$f_0=\frac{1}{2\pi RC}$则$|A_u(j\omega)|=\frac{A_{up}}{\sqrt{\left[1-\left(\frac{\omega_0}{\omega}\right)^2\right]^2+\left(\frac{1}{Q}\cdot\frac{\omega_0}{\omega}\right)^2}}$

3. 带阻滤波电路

二阶有源带阻滤波器如图 2.7.3 所示，由拉普拉斯变换分析可得：

$$A_u(S)=\frac{\left(\frac{R_F}{R_1}+1\right)[1+(SRC)^2]}{1+2\left(1-\frac{R_F}{R_1}\right)SRC+(SRC)^2}$$，取 $A_{up}=1+\frac{R_F}{R_1}$，$Q=\frac{1}{2(2-A_{up})}$，$\omega_0=\frac{1}{RC}$，

$f_0=\frac{1}{2\pi RC}$则$|A_u(j\omega)|=\frac{A_{up}}{\sqrt{1+\frac{1}{Q^2}\cdot\frac{1}{\left(\frac{\omega_0}{\omega}-\frac{\omega}{\omega_0}\right)^2}}}$，中心频率为 $f_0=\frac{1}{2\pi RC}$，通带截止频率为 $f_{p1}=[\sqrt{(2-A_{up})^2+1}-(2-A_{up})]f_0$，$f_{p2}=[\sqrt{(2-A_{up})^2+1}+(2-A_{up})]f_0$，由此可计算得出中心频率。

四、实验内容及步骤

1. 低通滤波电路

实验电路如图 2.7.1 所示，其中，反馈电阻 R_F 设定值为 5.7 kΩ。

按表 2-7-1 内容测量并记录。

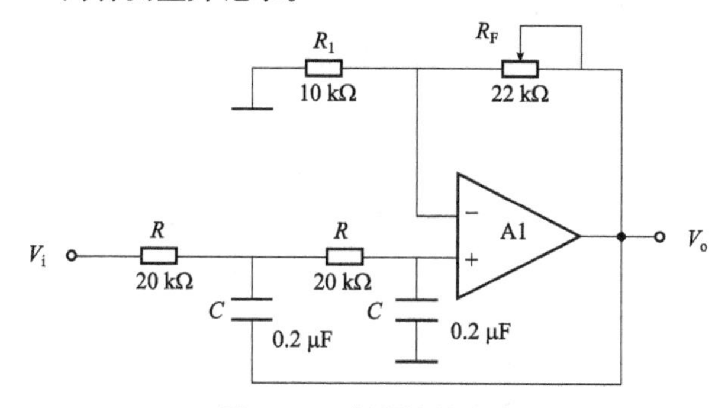

图 2.7.1　低通滤波电路

表 2-7-1 低通滤波电路测量数据

V_i/V	1	1	1	1	1	1	1	1	1	1
f/Hz	5	10	15	30	60	100	150	200	300	400
V_0/V										

2. 高通滤波电路

实验电路如图 2.7.2 所示，设定 R_F 为 5.7 kΩ，按表 2-7-2 内容测量并记录。

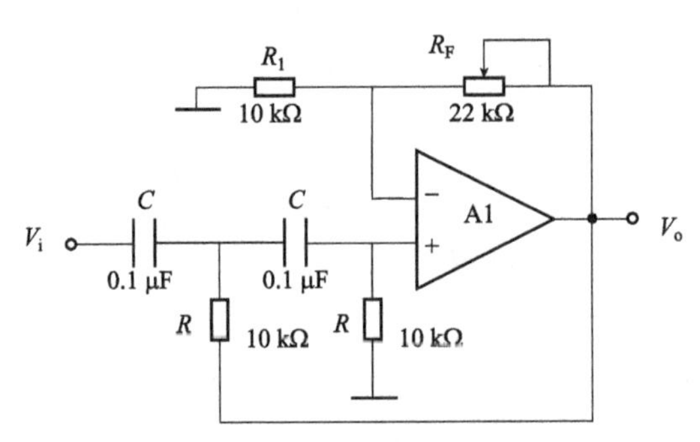

图 2.7.2 高通滤波电路

表 2-7-2 高通滤波电路测量数据

V_i/V	1	1	1	1	1	1	1	1	1	1
f/Hz	10	20	30	50	100	130	160	200	300	400
V_0/V										

3. 带阻滤波电路

实验电路如图 2.7.3 所示

(1) 实测电路中心频率。

(2) 以实测中心频率为中心，测出电路幅频特性，按表 2-7-3 内容测量并记录。

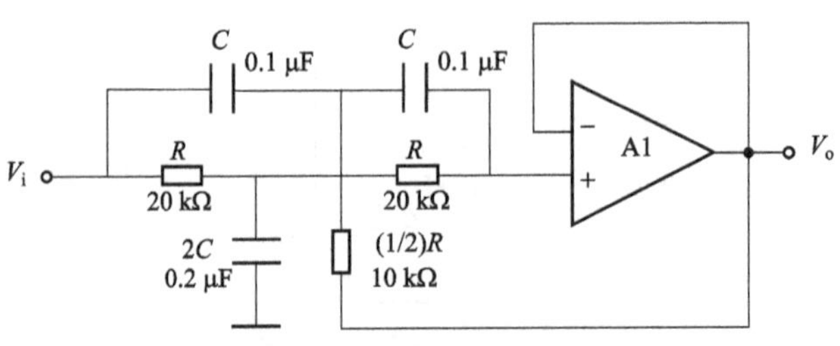

图 2.7.3 带阻滤波电路

表 2-7-3 带阻滤波电路测量数据

V_i/V	1	1	1	1	1	1	1	1	1	1
f/Hz	5	10	20	30	50	60	70	80	90	100
V_0/V										
V_i/V	1	1	1	1	1					
f/Hz	130	160	200	300	400					
V_0/V										

五、实验仪器与设备

1. 电子技术实验箱
2. 信号发生器
3. 万用表
4. 交流毫伏表

六、实验报告要求

1. 整理实验数据。
2. 画出各电路曲线，并与计算值对比分析误差。

七、思考题

1. 如何组成带通滤波电路?
2. 试设计一中心频率为 300 Hz、带宽 200 Hz 的带通滤波电路。

实验八　*RC* 正弦波振荡器

一、实验目的

1. 掌握桥式 *RC* 正弦波振荡电路的构成及工作原理
2. 熟悉正弦波振荡电路的调整、测试方法
3. 观察 *RC* 参数对振荡频率的影响，学习振荡频率的测定方法

二、预习要求

1. 复习 *RC* 桥式振荡电路的工作原理。
2. 完成下列填空题：

① 图 2.8.1 中，正反馈支路是由____________组成，这个网络具有________特性，要改变振荡频率，只要改变________或________的数值即可。

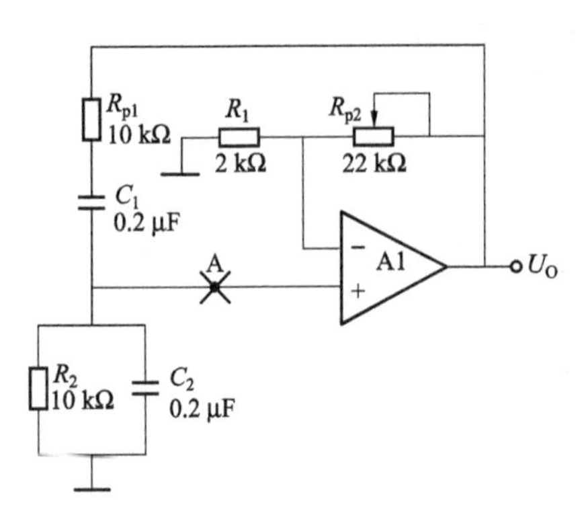

图 2.8.1 文氏电桥振荡电路

② 图 2.8.1 中，R_{P2} 和 R_1 组成________反馈，其中____________是用来调节放大器的放大倍数，使 $A_u \geqslant 3$。

三、实验原理

正弦波振荡电路必须具备 2 个条件：一是必须引入反馈，而且反馈信号要能代替输入信号，这样才能在不输入信号的情况下自发产生正弦波振荡；二是要有外加的选频网络，用于确定振荡频率。因此，振荡电路由 4 部分电路组成：放大电路、选频网络、反馈网络、稳幅环节。实际电路中多用 LC 谐振电路或是 RC 串并联电路（两者均起到带通滤波选频作用）用作正反馈来组成振荡电路。振荡条件如下：正反馈时 $\dot{X}'_i=\dot{X}_f=\dot{F}\dot{X}_o$，$\dot{X}_o=\dot{A}\dot{X}'_i=\dot{A}\dot{F}\dot{X}_o$，所以平衡条件为 $\dot{A}\dot{F}=1$，即放大条件 $|\dot{A}\dot{F}|=1$，相位条件 $\varphi_A+\varphi_F=2n\pi$，起振条件 $|\dot{A}\dot{F}|>1$。

本实验电路常称为文氏电桥振荡电路，如图 2.8.1。由 R_{p2} 和 R_1 组成电压串联负反馈，使集成运放工作于线性放大区，形成同相比例运算电路，由 RC 串并联网络作为正反馈回路兼选频网络。分析电路可得：$|\dot{A}|=1+\dfrac{R_{p2}}{R_1}$，$\varphi_A=0$。

当 $R_{p1}=R_2=R$，$C_1=C_2=C$ 时，有 $\dot{F}=\dfrac{1}{3+\mathrm{j}\left(\omega RC-\dfrac{1}{\omega RC}\right)}$，

设 $\omega_0=\dfrac{1}{RC}$，有 $|\dot{F}|=\dfrac{1}{\sqrt{9+\left(\dfrac{\omega}{\omega_0}-\dfrac{\omega_0}{\omega}\right)^2}}$，$\varphi_F=-\arctan\dfrac{1}{3}\left(\dfrac{\omega}{\omega_0}-\dfrac{\omega_0}{\omega}\right)$。

当 $\omega=\omega_0$ 时，$|\dot{F}|=\dfrac{1}{3}$，$\varphi_F=0$，此时取 A 稍大于 3，便满足起振条件，稳定时 $A=3$。

本实验为操作方便，将 R_{p2} 和 R_1 换为 100 kΩ 的电位器 R_P 组成电压串联负反馈，如图 2.8.2。

四、实验内容及步骤

1\. 测量 RC 振荡电路频率

按图 2.8.1 连接电路，令 $R_1=R_2=10$ kΩ，$C_1=C_2=0.1$ μF，调节电位器

R_P，用示波器观察输出波形，直至出现不失真正弦波为止，记录此时频率。

2. 改变 R_1 和 R_2 阻值，测量频率和输出电压值

改变 R_1 和 R_2 阻值为 30 kΩ，调节电位器 R_P，用示波器观察输出波形，直至出现不失真正弦波为止，记录此时频率及电压值。

3. 设计一个 *RC* 振荡器

设计一个 *RC* 振荡器，其输出 f_0 = 16 Hz，电压不小于 5 V 的正弦波，试确定 *R*、*C* 的值，并验证。

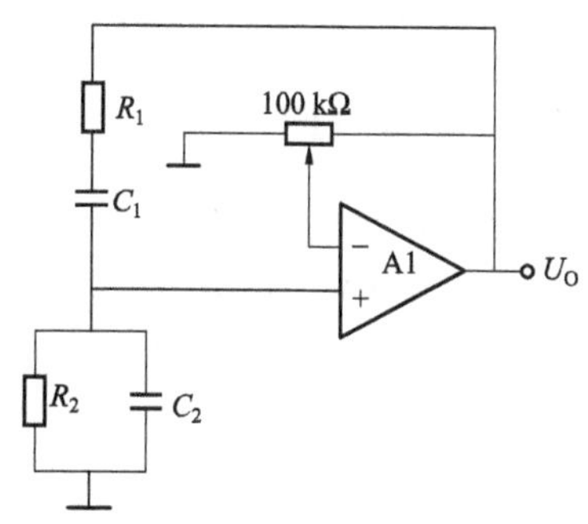

图 2.8.2　本实验 *RC* 振荡电路

五、实验仪器与设备

1. 电子技术实验箱
2. 示波器
3. 交流毫伏表
4. 万用表

六、实验报告要求

1. 由给定电路参数计算振荡频率，并与实测值比较，分析误差产生的原因。

2. 总结改变负反馈深度对振荡器起振的幅值条件及输出波形的影响。

3. 写出设计 *RC* 振荡器的过程。

七、思考题

1. 如果元件完好，接线正确，电源电压正常，而示波器看不到输出波形，考虑是什么问题？该怎样解决？

2. 电路有输出，但输出波形有明显的失真，应如何解决？

实验九　直流稳压电源

一、实验目的

1. 掌握直流稳压电源主要参数测试方法

2. 了解集成稳压器的特性和使用方法

二、实验原理

大多数电子电路及仪器设备都需要稳定的直流电压。直流稳压电源能将电网提供的 220 V、50 Hz 的交流电转换为符合要求的稳定的直流电压。当电网电压波动，负载变化以及环境温度变化时，其输出电压能保持相对稳定。

直流稳压电源一般由电源变压器、整流电路、滤波电路和稳压电路等组成，如图 2.9.1 所示。

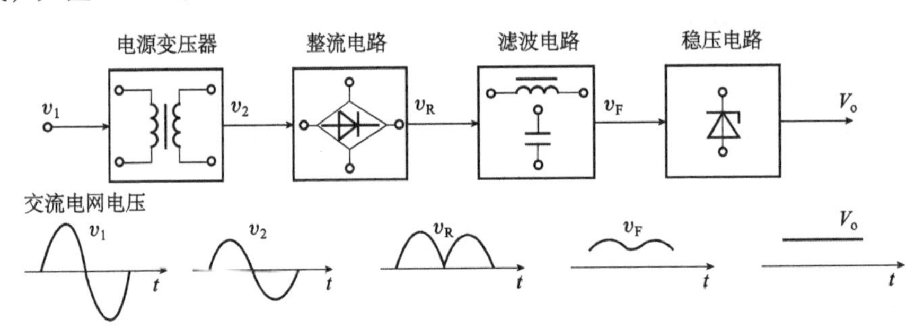

图 2.9.1　直流稳压电源的结构图和稳压过程

常用的三端集成稳压器大致分为两大系列：固定式和可调式，前者的输出电压不能调节，为固定值；后者则可以通过外接元件使输出电压得到很宽的调节范围。

固定式的有正电压输出的 78XX 系列和负电压输出的 79XX 系列。可调式的有正电压输出的 X17 系列和负电压输出的 X37 系列。该实验稳压电源由电源变压器、桥式整流电路、电容滤波电路和集成可调式稳压器组成。稳压器采用 LM317L，其最大输入电压为 40 V，输出 1.25～37 V 可调，最大输出电流 100 mA。

三、实验内容与步骤

1. 连接电路

检查保险丝是否熔断；测试变压器是否有输出电压；关断实验箱电源，连接电路，将图 2.9.2 中的测试点 2、4，9、12，13、14，5、6，7、8 分别连接在一起。

注意：

（1）220 V 交流电实验箱内部已提供，不需要再连接；

（2）电源变压器输出 16 V；

（3）输出空载。

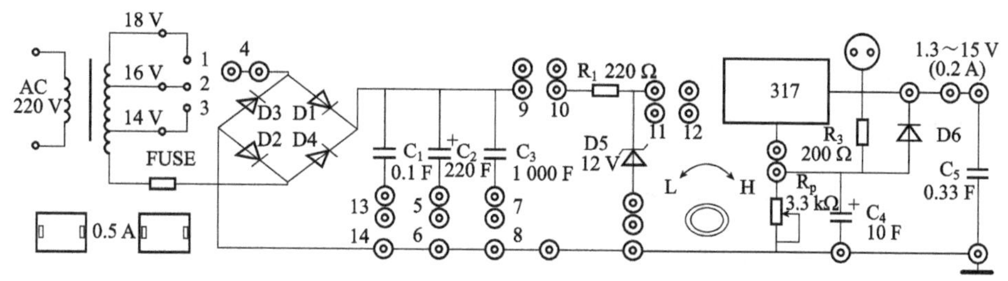

图 2.9.2　直流稳压电源实验电路图

2. 调整输出电压

确认电路连接无误后，接通电源，二极管 D6 发光。调节 R_p 使输出电压稳定在 $U_o=12$ V，用万用表直流电压档，测量此时 LM317 的输入电压 U_i，即插孔 12 对地的电压。（注意：不是变压器的输出电压）填入表格 2-9-1。

表 2-9-1　稳压系数测量

变压器输出		16 V	14 V
测量值	U_i/V		
	U_o/V		
计算值 γ			

3. 测试稳压电源的稳压系数

改变变压器的输出为 14 V，以此来模拟输入电压有 2 V 左右的波动，测量此时的 U_i 和 U_o，填表 2-9-1。

根据所测数据计算稳压系数。

$$\gamma=\frac{\Delta U_0/U_0}{\Delta U_i/U_i}$$

4. 测输出电阻 R_0（变压器输出 16 V）

改变负载大小，测对应的输出电压和输出电流。接上负载 $R_L=220\ \Omega+330\ \Omega$，调整电位器，使负载最小时，测量输出电压 U_o 及输出电流 I_0；负载最大时，再测量 U_o 及 I_0，并计算 R_0，记录在表 2-9-2 中，$R_0=\dfrac{\Delta U_0}{\Delta I_0}$。

表 2-9-2　输出电阻测量

负载	测量值		计算值
	U_0/V	I_0/mA	R_0
R_{L1}			
R_{L2}			

5. 测量稳压电源的纹波电压

用示波器观察直流输出信号中的纹波电压，并用交流毫伏表测量其大小。(变压器输出 16 V，输出空载。)

四、实验仪器与设备

1. 电子技术实验箱
2. 示波器
3. 信号发生器
4. 交流毫伏表
5. 数字万用表

五、实验报告要求

1. 分析整理实验数据，计算稳压系数及输出电阻；
2. 总结本实验所用可调三端稳压器的应用方法；
3. 结合思考题，分析得出实验结论。

六、实验思考题

1. 与分立元件的稳压电路相比，集成稳压电路有哪些优点？
2. 稳压电源的稳压系数是越大越好还是越小越好？R_0呢？为什么？

实验十　功率放大电路

一、实验目的

1. 熟悉功率放大器的工作原理
2. 熟悉与使用集成功率放大器 LM386
3. 掌握功放电路输出功率及效率的测试方法

二、预习要求

1. 复习有关功率放大器的基本内容
2. 了解 LM386 的内部电路原理
3. 熟悉并掌握由 LM386 构成的功放电路，并分析其外部元件的功能

三、实验原理

集成功率放大器是一种音频集成功放，具有自身功耗低、电压增益可调

整、电压电源范围大、外接元件少和总谐波失真少的优点。分析其内部电路（图 2.10.1），可得到一般集成功放的结构特点。LM386 是一个三级放大电路，第一级为直流差动放大电路，它可以减少温漂、加大共模抑制比的特点，由于不存在大电容，所以具有良好低频特性可以放大各类非正弦信号，也便于集成。它以两路复合管作为放大管增大放大倍数，以 2 个三极管组成镜像电流源作差分放大电路的有源负载，使这个双端输入单端输出差分放大电路的放大倍数接近双端输出的放大倍数。第二级为共射放大电路，以恒流源为负载，增大放大倍数，减小输出电阻。第三级为双向跟随的准互补放大电路，可以减小输出电阻，使输出信号峰-峰值尽量大（接近于电源电压），2 个二极管给电路提供合适的偏置电压，可消除交越失真。可用瞬间极性法判断出，引脚 2 为反相输入端，引脚 3 为同相输入端，电路是单电源供电，故为 OTL（无输出变压器的功放电路），所以输出端应接大电容隔直再带负载。引脚 5 到引脚 1 的 15 kΩ 电阻形成反馈通路，与引脚 8 引脚 1 之间的 1.35 kΩ 和引脚 8 三极管发射极间的 150 Ω 电阻形成深度电压串联负反馈。此时：$A_u = A_f = \frac{A}{1+AF} \approx \frac{1}{F}$，理论分析当引脚 1 引脚 8 之间开路时，有 $A_u \approx 2\left(1+\frac{15k}{1.35k+0.15k}\right)=22$，当引脚 1 引脚 8 之间外部串联一个大电容和一个电阻 R 时，$A_u \approx 2\left(1+\frac{15k}{\frac{1.35k\times R}{1.35k+R}+0.15k}\right)$，因此当 $R=0$ 时，$A_u \approx 202$。

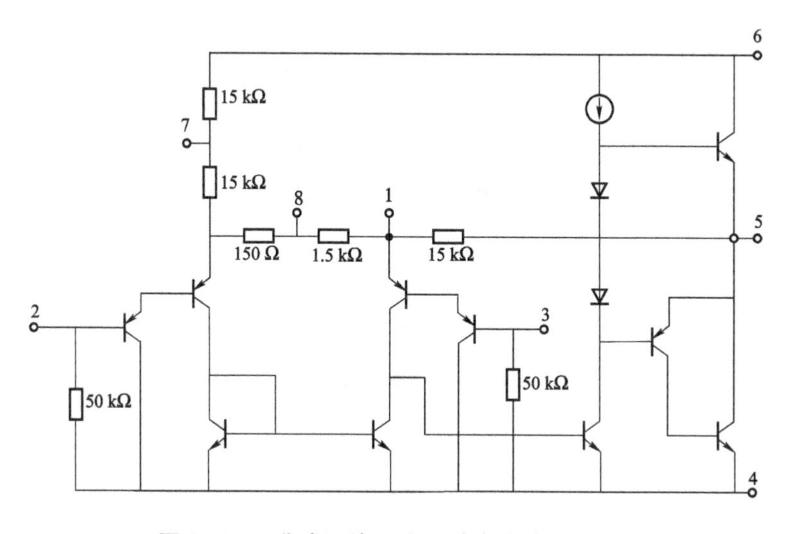

图 2.10.1 集成运放 LM386 内部电路结构

本实验电路图 2.10.2 中，开关与 C_2 控制增益，C_3 为旁路电容，C_1 为去耦电容滤掉电源的高频交流部分，C_4 为输出隔直电容，C_5 与 R 串联构成校正网络来进行相位补偿。

当负载为 R_L 时，$P_{OM}=\dfrac{\left(\dfrac{U_{OM}}{\sqrt{2}}\right)^2}{R_L}$。

当输出信号峰-峰值接近电源电压时，有 $U_{OM}\approx E_C=\dfrac{U_{CC}}{2}$，$P_{OM}\approx\dfrac{U_{CC}^2}{8R_L}$。

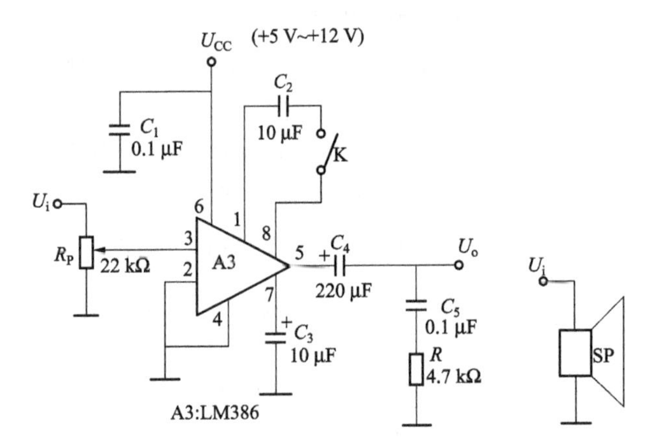

图 2.10.2 集成功率放大电路

四、实验内容及步骤

（1）按图 2.10.2 电路在实验板上插装电路。接入+12 V 电源，不加信号时测静态工作电流 I_Q 测，填入表 2-10-1 中。

（2）在输入端接 1 kHz 信号，用示波器观察输出波形，并逐渐增加输入电压幅度，直至出现失真为止，记录此时输入电压，输出电压幅值，填入表 2-10-1 中，并记录波形。

（3）去掉 10 μF 电容，重复上述实验。

（4）改变电源电压（选 5 V、9 V 两档）重复上述实验。

表 2-10-1 功率放大电路测试数据

U_{CC}	C_2	不接 R_L				$R_L=8\ \Omega$（喇叭）			
		I_Q/mA	V_i/mV	V_o/V	A_u	V_i/mV	V_o/V	A_u	P_{OM}/W
+12 V	接								
	不接								

续表

U_{CC}	C_2	不接 R_L				$R_L=8\ \Omega$（喇叭）			
		I_Q/mA	V_i/mV	V_o/V	A_u	V_i/mV	V_o/V	A_u	P_{OM}/W
+9 V	接								
	不接								
+5 V	接								
	不接								

五、实验仪器与设备

1. 电子技术实验箱
2. 示波器
3. 信号发生器
4. 万用表
5. 交流毫伏表

六、实验报告要求

1. 根据实验测量值，计算各种情况下 P_{om}、P_V 及 η。
2. 作出电源电压与输出电压、输出功率的关系曲线。

七、思考题

1. 根据实验现象，说明 C_1、C_2、C_3、C_4 的作用。
2. 电位器 R_P 有什么作用。

第三章

数字电子技术实验

实验一　TTL 门电路的测试与使用

一、实验目的

1. 掌握 TTL 与非门、集电极开路门和三态门逻辑功能的测试方法
2. 熟悉 TTL 与非门、集电极开路门和三态门主要参数的测试方法

二、实验设备

1. 电子技术实验箱
2. 数字万用表
3. 74LS20 三片、74LS00、74LS125、74LS03 各一片

三、预习内容

1. 阅读并掌握 TTL 集成门的参数及测试方法
2. 在本章附录中查阅 74LS20（T4020 或 T063）器件引出端排列图

四、实验原理

1. TTL 集成与非门

实验使用的 TTL 与非门 74LS20（或 T4020、T063 等）是双 4 输入端与非门，即在一块集成块内含有 2 个互相独立的与非门，每个与非门有 4 个输入端。其逻辑表达式为：$Y=\overline{ABCD}$，逻辑符号如图 3.1.1 所示。器件引出端排列图在本章末附录中可查到。所有 TTL 集成电路使用的电源电压均为 $V_{CC}=+5\text{ V}$。

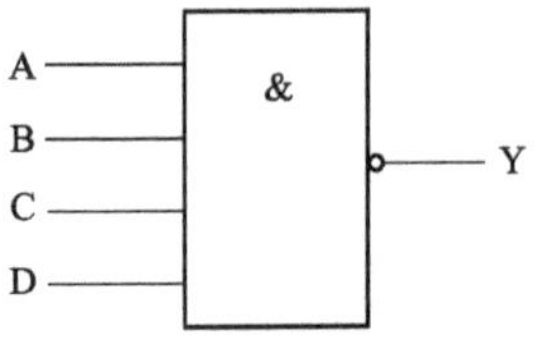

A B C D & Y

图 3.1.1　4 输入与非门的逻辑符号

TTL 与非门的主要参数：

（1）低电平输出电源电流 I_{CCL} 和高电平输出电源电流 I_{CCH}

低电平输出电源电流 I_{CCL} 是指：所有输入端悬

空、输出端空载时，电源提供器件的电流。

高电平输出电源电流 I_{CCH} 是指：每个门各有 1 个以上的输入端接地，输出端空载时的电源电流。通常 $I_{CCL}>I_{CCH}$。

（2）低电平输入电流 I_{IL} 和高电平输入电流 I_{IH}

低电平输入电流是指：被测输入端的输入电压 $U_{IL}=0.4$ V，其余输入端悬空时，由被测输入端流出的电流值。

高电平输入电流是指：被测输入端接至+5 V 电源，其余输入端接地，流入被测输入端的电流值。

（3）电压传输特性

电压传输特性是反映输出电压 V_O 与输入电压 V_I 之间关系的特性曲线。从电压传输特性曲线上可以直接读得下述各参数值。

① 输出高电平电压值 V_{OH}：是指与非门有 1 个以上输入端接地时的输出电压值。当输出接有拉电流负载时，V_{OH} 值将下降。其允许的最小输出高电平电压值 $V_{OH}=2.4$ V。

② 输出低电平电压值 V_{OL}：是指与非门的所有输入端悬空时的输出电压值。当输出端接有灌电流负载时，V_{OL} 值将升高。其允许的最大输出低电平电压值 $V_{OL}=0.4$ V。

③ 最小输入高电平电压值 $V_{IH(min)}$：是指当输入电压大于此值时，输出必为低电平。通常 $V_{IH(min)}\geqslant 2.0$ V。

④ 最大输入低电平电压值 $V_{IL(max)}$：是指当输入电压小于此值时，输出必为高电平。通常 $V_{IL(max)}\leqslant 0.8$ V。

⑤ 阈值电压值 V_T：是指与非门电压传输特性曲线上，$V_{OH(min)}$ 与 $V_{OL(max)}$ 之间迅速变化段中点附近的输入电压值。当与非门工作在这一电压附近时，输入信号的微小变化，将导致电路状态的迅速改变。由于不同系列器件内部电路结构不同，故 $V_T\approx 1.0\sim 1.5$ V 不等。

⑥ 高电平直流噪声容限 V_{NH} 和低电平直流噪声容限 V_{NL}：直流噪声容限是指在最坏条件下，输入端上所允许的输入电压变化的极限范围。它表示驱动门输出电压的极限值和负载门所要求的输入电压极限值之差。

（4）扇出系数 N_O：是指电路能驱动同类门电路的数目。用以衡量电路的负载能力：

$$N_O=I_{OL}/I_{IL} \tag{3-1-1}$$

N_O 的大小主要受输出低电平时输出端允许灌入的最大负载电流 I_{OL} 影响。V_{OL} 随负载电流增加而上升。当 V_{OL} 上升到 $V_{OL(max)}$ 时，此时的输出电流 I_{OL} 就是该电路允许的最大负载电流。式中的 I_{IL} 应该是同类门允许的最大输入电流值。

（5）平均传输延迟时间 t_{pd}。传输延迟时间是指输入波形边沿的 $0.5V_m$ 点至输出波形对应边沿的 $0.5V_m$ 点的时间间隔。

实验使用的各种与非门的特性参数见表 3-1-1。表中提供的参数规范值是在一定的测试条件下获得的，仅供实验时参照。表中使用的 000、004、020 是 CT 系列数字尾数，表示品种代号。表中的电流值，以流进器件内部的取正值，流出器件的取负值。

表 3-1-1 000、004、020 和 T065、T082、T063 参数规范

参数名称	符号	单位	CT1000 系列		CT4000 系列		74LS000 系列	
高电平输出电源电流	I_{CCH}	mA	000	≤8	000	≤1.6	74LS065	≤14
			004	≤12	004	≤2.4	74LS082	≤21
			020	≤4	020	≤0.8	74LS063	≤7
低电平输出电源电流	I_{CCL}	mA	000	≤22	000	≤4.4	74LS065	≤28
			004	≤33	004	≤6.6	74LS082	≤42
			020	≤11	020	≤2.2	74LS063	≤14
高电平输入电流	I_{IH}	μA	≤40		≤20		≤50	
低电平输入电流	I_{IL}	mA	≤ |-1.6|		≤ |-0.4|		≤ |-1.6|	
高电平输出电流	I_{OH}	μA	≤ |-400|		≤ |-400|		≤ |-400|	
低电平输出电流	I_{OL}	mA	≥16		≥8		≥12.8	
输出高电平电压	V_{OH}	V	≥2.4		≥2.4		≥2.4	
输出低电平电压	V_{OL}	V	≤0.4		≤0.4		≤0.4	
平均延迟时间	t_{pd}	ns	≤18.5		≤15		≤20（40）	

2. 集电极开路门（Open Collector，又称 OC 门）

集电极开路与非门的电路图与逻辑符号如图 3.1.2 所示。其输出管 T_3 的集电极是悬空的，工作时需要通过外接负载电阻 R_L 接入电源 E_C（由于 E_C 与器件电源 V_{CC}分开，所以可以任意选择其电压值，但不可超过器件规定的 T_3 管的耐压值）。

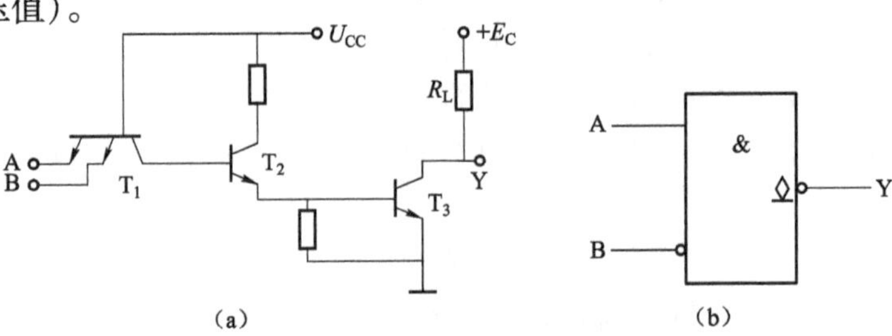

图 3.1.2 集电极开路的与非门及其逻辑符号

（a）OC 门电路图；（b）OC 门符号

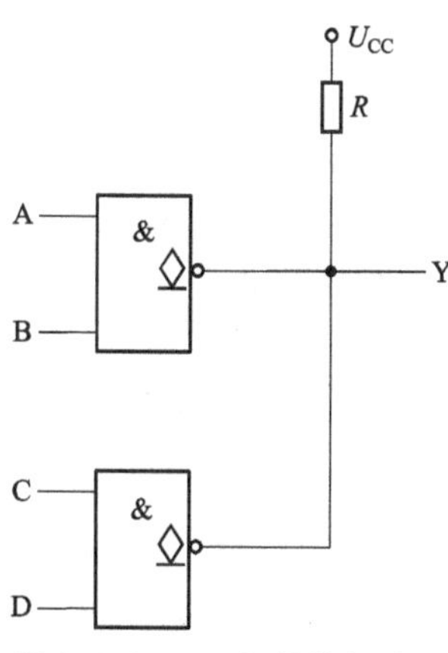

图 3.1.3　OC 门的线与应用

由 2 个与非门（OC）输出端相连组成的电路如图 3.1.3 所示。它们的输出：

$$Y=Y_A Y_B=\overline{AB}\ \overline{CD}=\overline{AB+CD} \quad (3-1-2)$$

即把 2 个与非门的输出相与（称为线与），完成与或非的逻辑功能。

如果由 n 个 OC 门线与驱动 N 个 TTL 与非门，则负载电阻 R 可以根据线与的与非门（OC）数目 n 和负载门的数目 N 进行选择。

为保证输出电平符合逻辑要求，R 的数值选择范围为：

$$R_{max}=\frac{E_C-V_{OH}}{nI_{CEX}+N'I_{IH}} \qquad R_{min}=\frac{E_C-V_{OL}}{I_{LM}-NI_{IL}}$$

式中　I_{CEX}——OC 门输出管的截止漏电流（约 50 μA）；

I_{LM}——OC 门输出管允许的最大负载电流（约 20 mA）；

I_{IL}——负载门的低电平输入电流（≤1.6 mA）；

I_{IH}——负载门的高电平输入电流（≤50 μA）；

E_C——负载电阻所接的外电源电压；

n——线与输出的 OC 门的个数；

N——负载门的个数；

N'——接入电路的负载门输入端总个数。

R 值的大小会影响输出波形的边沿时间，在工作速度较高时，R 的取值应接近 R_{min}。

由于集电极开路门具有上述特性，因而获得了广泛的应用，如：

（1）利用电路的线与特性方便地完成某些特定的逻辑功能。

（2）实现多路信息采集，使 2 路以上的信息共用一个传输通道（总线）。

（3）实现逻辑电平的转换，如用 TTL（OC）门驱动 CMOS 电路的电平转换。

3. 三态门（Tristate，又称 3S 门）

三态门除了通常的高电平和低电平 2 种输出状态外，还有第三种输出状态——高阻态。处于高阻态时，电路与负载之间相当于开路。图 3.1.4 所示为三态输出门的逻辑符

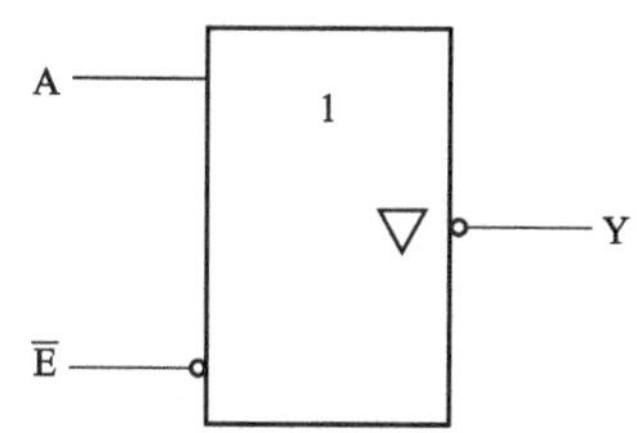

图 3.1.4　三态门逻辑符号

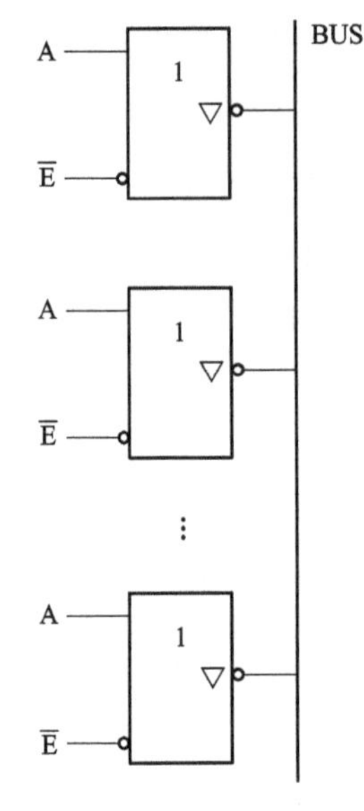

图 3.1.5 三态门接成总线结构

号，它有一个控制端（又称使能端）$\overline{E}$。$\overline{E}=0$ 为正常工作状态，实现 $Y=\overline{A}$ 的功能；$\overline{E}=1$ 为禁止工作状态。Y 输出呈高阻状态。这种在控制端加 0 信号时电路才能正常工作的工作方式称低电平使能。

三态电路主要用途之一是实现总线传输，即用一个传输通道（称为总线），以选通方式传送多路信息，如图 3.1.5 所示。使用时，要求只有需要传输信息的那个三态门的控制端处于使能状态（$\overline{E}=0$），其余各门皆处于禁止状态（$\overline{E}=1$）。显然，若同时有 2 个或 2 个以上三态门的控制端处于使能状态，会出现与普通 TTL 门线与运用时同样的问题，因而是绝对不允许的。

五、实验内容

（1）测量图 3.1.1 与非门（74LS20）的输入输出逻辑关系，将结果填入表 3-1-2 中。

逻辑门及其组成电路的静态逻辑功能测试，就是测试电路的真值表。电路的各输入端由数据开关提供 0 与 1 信号；在输出端，用发光二极管组成的逻辑指示器显示。按真值表逐行进行。由测得的真值表可以对应地画出电路各输入、输出端的工作波形图。

表 3-1-2 4 输入与非门逻辑功能表

A	B	C	D	Y
0	0	0	0	
0	0	0	1	
0	0	1	0	
0	0	1	1	
0	1	0	0	
0	1	0	1	
0	1	1	0	
0	1	1	1	
1	0	0	0	
1	0	0	1	
1	0	1	0	

续表

A	B	C	D	Y
1	0	1	1	
1	1	0	0	
1	1	0	1	
1	1	1	0	
1	1	1	1	

（2）测量图 3. 1. 6 中所示各电路的逻辑功能，并根据测试结果，写出它们的真值表及逻辑表达式。

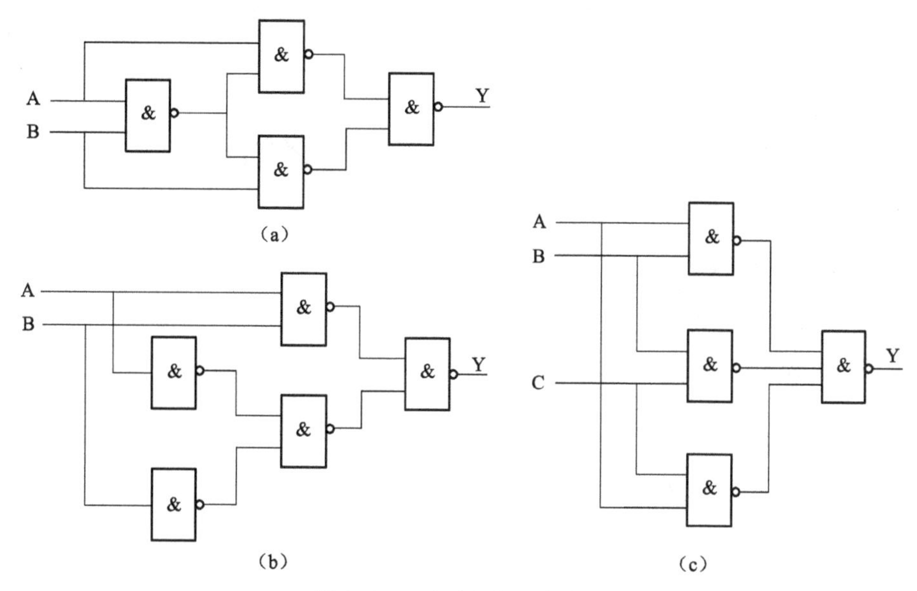

图 3. 1. 6　实验任务 2 电路图

（3）测量图 3. 1. 3 OC 门的线与逻辑关系。

（4）使用 74LS125 实现如图 3. 1. 7 所示的 1bit 双向传输总线。验证该电路功能。

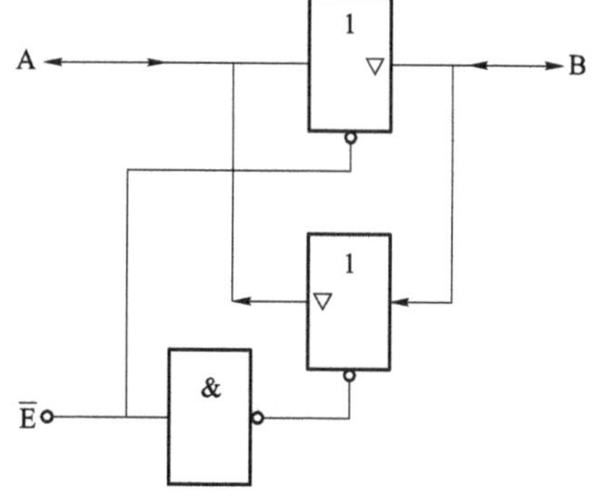

图 3. 1. 7　1 bit 双向传输总线图

六、思考题

1. 测量扇出系数 N_O 的原理是什么？为什么计算中只考虑输出低电平时

的负载电流值，而不考虑输出高电平时的负载电流值？

2. 使一只异或门实现非逻辑，电路将如何连接？

3. 分析 TTL 与非门不使用输入端的各种处置方法的优缺点。

4. 用普通万用表怎样判断三态电路处于输出高阻态？

七、实验报告要求

1. 测试各项参数必须附有测试电路图，记录测试数据，并对结果进行分析。

2. 静态传输特性曲线必须画在方格坐标纸上，并贴在相应内容中，从曲线中读得所要求的数值。

3. 设计性任务应有设计过程和设计逻辑图，记录实际检测的结果，并进行分析。

实验二 小规模组合逻辑电路的设计

一、实验目的

1. 掌握用 SSI 设计组合逻辑电路及其控制方法

2. 观察组合逻辑电路的冒险现象

二、实验设备

1. 电子技术实验箱

2. 数字万用表

3. 双踪示波器

4. 74LS00 三片，74LS20 两片

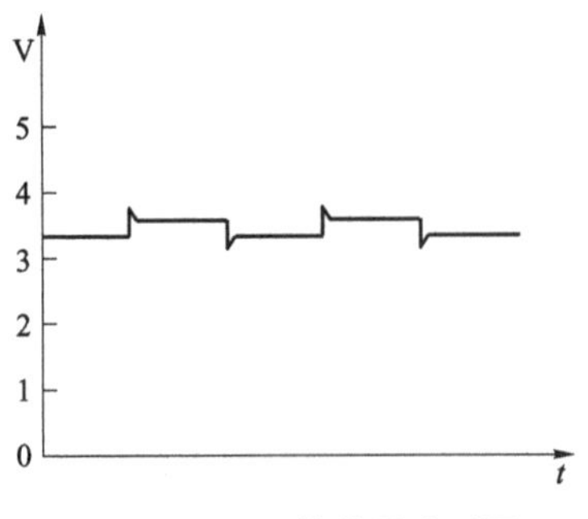

图 3.2.1 干扰信号波形图

三、预习内容

1. 信号波形如图 3.2.1 所示，这些干扰信号是否属于冒险现象？

2. 设每个门的平均传输延迟时间是 $1t_{pd}$，试画出图 3.2.2 所示电路在输入端 A 信号发生变化时，各点的工作波形。

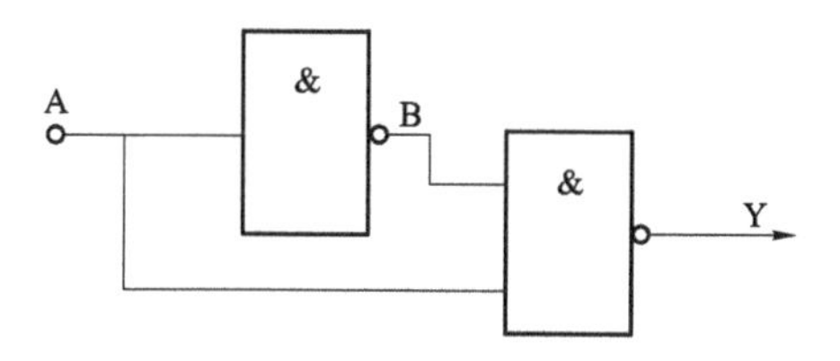

图 3.2.2 预习内容 2 电路图

四、实验原理

小规模集成电路（SSI）设计组合电路的一般步骤是：

① 根据任务要求列出真值表。

② 通过化简得出最简逻辑函数表达式。

③ 选择标准器件实现此逻辑函数。

逻辑化简是组合逻辑设计的关键步骤之一，为了使电路结构简单和使用器件较少，往往要求逻辑表达式尽可能简化。由于实际使用时要考虑电路的工作速度和稳定可靠等因素，在较复杂的电路中，还要求逻辑清晰易懂，所以最简设计不一定是最佳的。但一般说来，在保证速度、稳定可靠与逻辑清楚的前提下，尽量使用最少的器件，以降低成本，是逻辑设计者的任务。

组合逻辑设计过程通常是在理想情况下进行的，即假定一切器件均没有延迟效应。但是实际上并非如此，信号通过任何导线或器件都需要一个响应时间。例如，一般中速 TTL 与非门的延迟时间为 10~20 ns，而且由于制造工艺上的原因，各器件的延迟时间离散性很大，往往按照理想情况设计的逻辑电路，在实际工作中有可能产生错误输出。一个组合电路，在它的输入信号变化时，输出出现瞬时错误的现象称为组合电路的冒险现象。

组合电路的冒险现象有两种：一种称为函数冒险（即功能冒险），另一种称为逻辑冒险。当电路有 2 个或 2 个以上变量同时发生变化时，变化过程中必然要经过一个或数个中间状态，如果这些中间状态的函数值与起始状态和终了状态的函数值不同，就会出现瞬时的错误信号。由于这种原因造成的冒险称为函数冒险，显然这种冒险是函数本身固有的。逻辑冒险是指在一个输入变量发生变化时，由于各传输通路的延迟时间不同导致输出出现瞬时错误。

本实验着重对逻辑冒险中的静态 0 型冒险进行研究。组合电路的静态 0 型冒险是指在输出恒等于 1 的情况下，出现瞬时 0 输出的错误现象。分析和判断一个逻辑函数在其中一个输入变量（例如，设变量为 A）发生变化时，电路是否可能出现险象，险象的脉冲宽度是多少，如何利用改变该逻辑函数的结构，例如增加校正项（即逻辑化简时的冗余项）来消除险象等，通常可以使用下述方法：

① 对于函数的与或表达式，可以通过对除变量 A 以外的其他变量逐个进行赋值。若能使表达式出现：

$$F=A+\overline{A} \tag{3-2-1}$$

时，则表示电路在变量 A 发生变化时可能存在 0 型冒险。为了消除此冒险，可以增加校正项，该校正项就是被赋值各变量的乘积项。

② 对于函数的卡诺图，分析发现若有 2 个被圈项的圈相切，相切部分之间相应的变量发生变化时，函数可能存在冒险现象。消除该现象的方法是增加把其 2 个相切部分圈在一起的一个圈项。

③ 由与非门组成的逻辑图中，若变量 A 通过 2 条传输路径（分别经过的门数量差为奇数）后，驱动同一个门电路，若在给其他各变量赋一定的值后，使这 2 条路径是畅通的，则 A 变量发生变化时，可能会出现冒险现象。假定每个门的平均传输延迟时间均为 $1t_{pd}$，那么 2 条路径经过门的数量差就是险象脉冲的可能宽度。显然被赋值的各变量乘积项，就是消除该冒险现象时应增加的校正项。

增加校正项可以用来消除电路的逻辑冒险现象。此外，根据不同情况还可以采取下述方法消除各种冒险现象：

① 由于组合电路的冒险现象是在输入信号变化过程中发生的，因此可以设法避开这一段时间，待电路稳定后再让电路正常输出。具体办法有：

a. 在存在冒险现象的与非门的输入端引进封锁负脉冲。当输入信号变化时，将该门封锁（使门的输出为 1）。

b. 在存在冒险现象的与非门的输入端引进选通正脉冲。选通脉冲不作用时，门的输出为 1，选通脉冲到来时，电路才有正常输出。显然，选通脉冲必须在电路稳定时才能出现。

② 由于冒险现象中出现的干扰脉冲宽度一般很窄，所以可在门的输出端并接一个几百皮法的滤波电容加以消除。但这样做将导致输出波形的边沿变坏，这些情况是不允许的。

组合电路的冒险现象是一个重要的实际问题。当设计出一个组合逻辑电路后，首先应进行静态测试，也就是按真值表依次改变输入变量，测得相应的输出逻辑值，验证其逻辑功能。再进行动态测试，观察是否存在冒险。然后，根据不同情况分别采取消除险象的措施。

五、实验内容

1. 按表 3-2-1 设计一个逻辑电路

表 3-2-1　实验任务 1 真值表

A	B	C	D	F	A	B	C	D	F
0	0	0	0	0	1	0	0	0	0
0	0	0	1	0	1	0	0	1	0
0	0	1	0	1	1	0	1	0	1
0	0	1	1	1	1	0	1	1	0
0	1	0	0	0	1	1	0	0	1
0	1	0	1	0	1	1	0	1	1
0	1	1	0	0	1	1	1	0	1
0	1	1	1	1	1	1	1	1	1

设计要求：

① 输入信号仅提供原变量，要求用最少数量的 2 输入端与非门，画出逻辑图。

② 搭建电路进行静态测试，验证逻辑功能，记录测试结果。

③ 分析输入端 B、C、D 各处于什么状态时能观察到输入端 A 信号变化时产生的冒险现象。

④ 在 A 端输入 $f=100$ kHz~1 MHz 的方波信号，观察电路的冒险现象。

⑤ 电路设计参考图 3. 2. 3 所示电路。

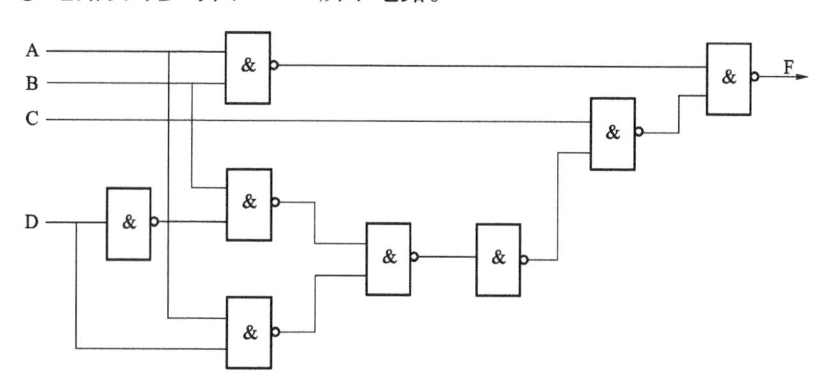

图 3. 2. 3　实验任务 1 参考电路

2. 使用与非门设计一个十字交叉路口的红绿灯控制电路，检测所设计电路的功能，记录测试结果。

图 3. 2. 4 是交叉路口的示意图，图中 A、B 方向是主通道，C、D 方向是次通道，在 A、B、C、D 4 道口附近各装有车辆传感器，当有车辆出现时，相应的传感器将输出信号 1，红绿灯点亮的规则如下。

（1）A、B 方向绿灯亮的条件

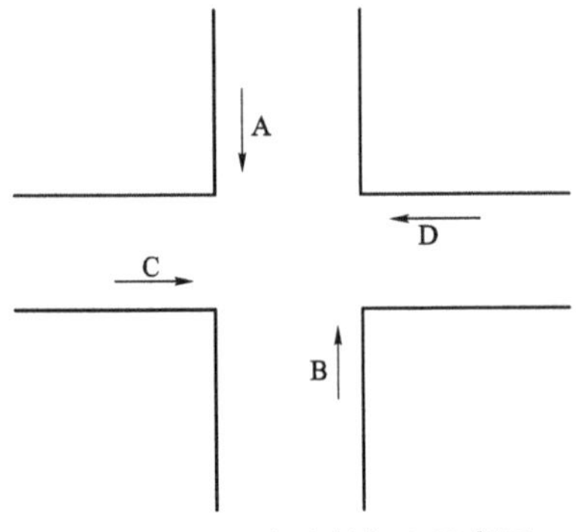

图 3.2.4　实验任务 2 示意图

① A、B、C、D 均无传感信号；

② A、B 均有传感信号；

③ A 或 B 有传感信号，而 C 和 D 不是全有传感信号。

（2）C、D 方向绿灯亮的条件

① C、D 均有传感信号，而 A 和 B 不是全有传感信号；

② C 或 D 有传感信号，而 A 和 B 均无传感信号。

电路设计可参考图 3.2.5 所示电路。

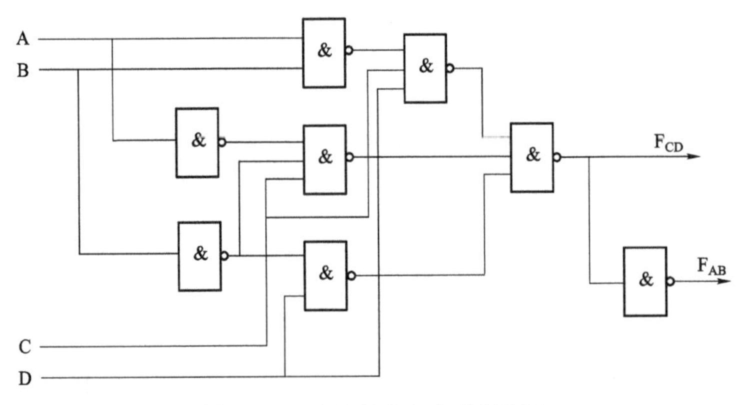

图 3.2.5　实验任务 2 参考电路图

六、思考题

1. 分析任务 1 电路，当输入信号 B、C 或 D 单独发生变化时，电路是否存在逻辑冒险现象？

2. 若任务 1 中允许使用多输入端与非门，在 A 信号发生变化时，是否还存在冒险现象？

3. 在观察冒险现象时，为什么要求 A 信号的频率尽可能高一些？

4. 什么是静态 1 型冒险？分析存在 1 型冒险的方法是什么？

七、实验报告要求

1. 写出任务的设计过程（包括叙述有关设计技巧），画出设计电路图。

2. 记录检测结果，并进行分析。

3. 画出冒险现象的工作波形，必须标出零电压坐标轴。

实验三　中规模组合逻辑电路的应用

一、实验目的

1. 掌握数据选择器、译码器和全加器等 MSI 的使用方法
2. 熟悉 MSI 组合功能件的应用

二、实验设备

1. 电子技术实验箱
2. 数字万用表
3. 74LS153、74LS138、74LS283、74LS00、74LS20 各一片

三、预习内容

1. 什么是异或门、半加器和全加器？用 2 个异或门和少量与非门组成 1 位全加器，画出其电路图。

2. 利用 74LS153 设计一个 1 位二进制全减器，画出电路连线图。

3. 利用一个 3 线-8 线译码器和与非门，实现一个三变量函数式

$$Y=AB\overline{C}+A\overline{B}C+\overline{A}BC+ABC \tag{3-3-1}$$

四、实验原理

中规模集成电路（MSI）是一种具有专门功能的集成功能件。常用的 MSI 组合功能件有译码器、编码器、数据选择器、数据比较器和全加器等。借助于器件手册提供的功能表，弄清器件各引出端（特别是各控制输入端）的功能与作用，就能正确地使用这些器件。在此基础上应该尽可能地开发这些器件的功能，扩大其应用范围。对于一个逻辑设计者来说，关键在于合理选用器件，灵活地使用器件的控制输入端，运用各种设计技巧，实现任务要求的电路功能。

在使用 MSI 组合功能件时，器件的各控制输入端必须按逻辑要求接入电路，不允许悬空。

1. 数据选择器

74LS153 是一个双 4 选 1 数据选择器，其逻辑符号如图 3.3.1 所示，功能表见表 3-3-1。其

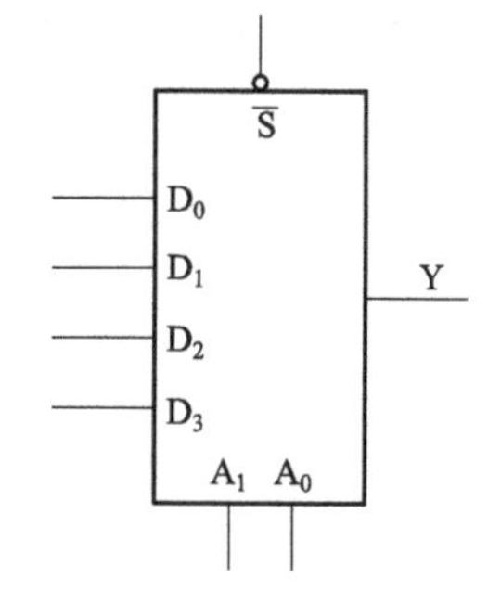

图 3.3.1　74LS153 逻辑符号

中，D_0、D_1、D_2、D_3为4个数据输入端；Y为输出端；$\overline{S}$是使能端。在$\overline{S}=0$时使能，在$\overline{S}=1$时Y=0；A_1、A_0是器件中2个选择器公用的地址输入端。该器件的逻辑表达式为：

$$Y=\overline{S}(\overline{A}_1\overline{A}_0D_0+\overline{A}_1A_0D_1+A_1\overline{A}_0D_2+A_1A_0D_3) \quad (3-3-2)$$

表 3-3-1 74LS153 功能表

数据输入		控制输入	输出
A_1	A_0	$\overline{S}$	Y
×	×	1	0
0	0	0	D_0
0	1	0	D_1
1	0	0	D_2
1	1	0	D_3

数据选择器是一种通用性很强的功能件，它的功能很容易得到扩展。4选1数据选择器经组合很容易实现8选1选择器功能。

使用数据选择器进行电路设计的方法是合理地选用地址变量，通过对函数的运算，确定各数据输入端的输入方程。例如，使用4选1数据选择器实现全加器逻辑，或者利用4选1数据选择器实现有较多变量的函数。

数据选择器的地址变量一般的选择方式：

① 选用逻辑表达式各乘积项中出现次数最多的变量（包括原变量与反变量），以简化数据输入端的附加电路。

② 选择一组具有一定物理意义的量。

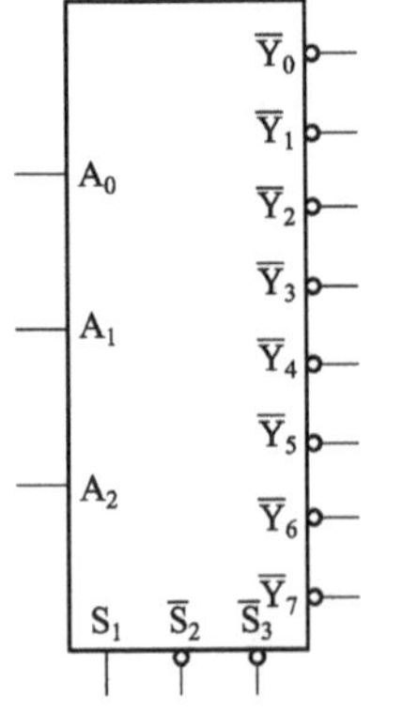

图 3.3.2 74LS138 逻辑符号

2. 译码器

译码器可分为两大类：一类是通用译码器，另一类是显示译码器。

74LS138是一个3线-8线译码器，它是一种通用译码器，其逻辑符号如图3.3.2所示，表3-3-2是其功能表。其中，A_2、A_1、A_0是地址输入端，Y_0、Y_1、…、Y_7是译码输出端，S_1、$\overline{S}_2$、$\overline{S}_3$是使能端。当$S_1=1$，$\overline{S}_2+\overline{S}_3=0$时，器件使能。

3线-8线译码器实际上也是一个负脉冲输出的脉冲分配器。若利用使能端中的一个输入端输入数据信息，器件就成为一个数据分配器。例如，若从S_1输入端输入数据信息，$\overline{S}_2=\overline{S}_3=0$，地址码所对应的输出是 S_1 数据信息的反码；若从 $\overline{S}_2$ 输入端输入数据信息，$S_1=1$，$\overline{S}_3=0$，地址码所对应的输出就是数据信息 $\overline{S}_2$。

表 3-3-2 74LS138 功能表

输入					输出							
S_1	$\overline{S}_2+\overline{S}_3$	A_2	A_1	A_0	$\overline{Y}_0$	$\overline{Y}_1$	$\overline{Y}_2$	$\overline{Y}_3$	$\overline{Y}_4$	$\overline{Y}_5$	$\overline{Y}_6$	$\overline{Y}_7$
1	0	0	0	0	0	1	1	1	1	1	1	1
1	0	0	0	1	1	0	1	1	1	1	1	1
1	0	0	1	0	1	1	0	1	1	1	1	1
1	0	0	1	1	1	1	1	0	1	1	1	1
1	0	1	0	0	1	1	1	1	0	1	1	1
1	0	1	0	1	1	1	1	1	1	0	1	1
1	0	1	1	0	1	1	1	1	1	1	0	1
1	0	1	1	1	1	1	1	1	1	1	1	0
0	×	×	×	×	1	1	1	1	1	1	1	1
×	1	×	×	×	1	1	1	1	1	1	1	1

译码器的每一路输出，实际上是地址码的一个最小项的反变量，利用其中一部分输出端输出的与非关系，也就是它们相应最小项的或逻辑表达式，能方便地实现逻辑函数。

与数据选择器一样，利用使能端能够方便地将两个 3 线-8 线译码器组合成一个 4 线-16 线的译码器。

3. 全加器

74LS183 是一个双进位保留全加器，其中 A_n 和 B_n 分别为被加数和加数的数据输入端，C_n 是低位向本位进位的进位输入端，F_n 是和数输出端，FC_{n+1} 是本位向高位进位的输出端。逻辑方程是：

$$F_n=A_n\overline{B}_n\overline{C}_n+\overline{A}_nB_n\overline{C}_n+\overline{A}_n\overline{B}_nC_n+A_nB_nC_n \quad (3-3-3)$$

$$FC_{n+1}=A_nB_n+A_nC_n+B_nC_n \quad (3-3-4)$$

74LS283 是一个 4 位二进制超前进位全加器，其逻辑符号如图 3.3.3 所示，其中 A_3、A_2、A_1、A_0 和 B_3、B_2、B_1、B_0 分别是被加数和加数（2 组 4 位二进制）的数据输入端，C_n 是低位器件向本器件最低位进位的进位输入端，F_3、F_2、F_1、F_0 是和数输入端，FC_{n+1} 是本器件最高位向高位器件进位的进位输出端。

图 3.3.3 74LS283 逻辑符号

二进制全加器可以进行多位连接使用，也可组成全减器、补码器或实现其他逻辑功能等电路。

日常习惯于进行十进制的运算，利用 4 位二进制全加器可以设计组成进行 NBCD 码的加法运算。在进行运算时，若两个加数的和小于或等于 1001，则 NBCD 的加法与 4 位二进制加法结果相同，但若两个相加数的和大于或等于 1001 时，由于 4 位二进制码是逢 16 进 1 的，而 NBCD 码是逢 10 进 1 的，它们的进位数相差 6，因此 NBCD 加法运算电路必须进行校正，应在电路中插入一个校正网络，使电路在和数小于或等于 1001 时，校正网络不起作用（或加一个 0000 数），在和数大于或等于 1001 时，校正网络使此和数再加上一个 0110 数，从而达到实现 NBCD 码的加法运算的目的。

利用两个 4 位二进制全加器可以组成一个 1 位 NBCD 码全加器，该全加器应有进位输入端和进位输出端，电路由读者自行设计。

五、实验内容

（1）测试 74LS153 数据选择器的基本功能，将测得结果与表 3-3-1 进行比较。

（2）测试 74LS138 3 线-8 线译码器的基本功能，将测得结果与表 3-3-2 进行比较。

（3）测试 74LS283 4 位二进制全加器的逻辑功能，并测出表 3-3-3 中给出的数据。

表 3-3-3　实验任务 3

A_n		B_n		C_n	F_n	FC_{n+1}
0001	+	0001	+	1		
0111	+	0111	+	1		
1001	+	1001	+	0		
1111	+	1111	+	0		
1111	+	1111	+	1		

（4）使用 74LS153 数据选择器设计一个 1 位全加器，写出设计过程，并测试电路逻辑功能。电路设计参考图 3. 3. 4 所示电路。

（5）使用一个 3 线-8 线译码器和与非门设计一个 1 位二进制全减器，画出设计逻辑图，检测并记录电路功能。参考电路如图 3. 3. 5 所示。

（6）利用一个双 4 选 1 数据选择器和一个 2 输入端四与非门，设计一个具有 8 选 1 数据选择器功能的电路。参考电路如图 3. 3. 6 所示。

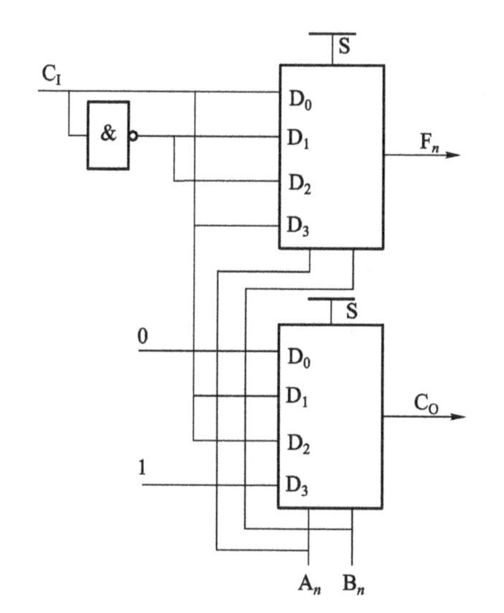

图 3.3.4　全加器逻辑电路图

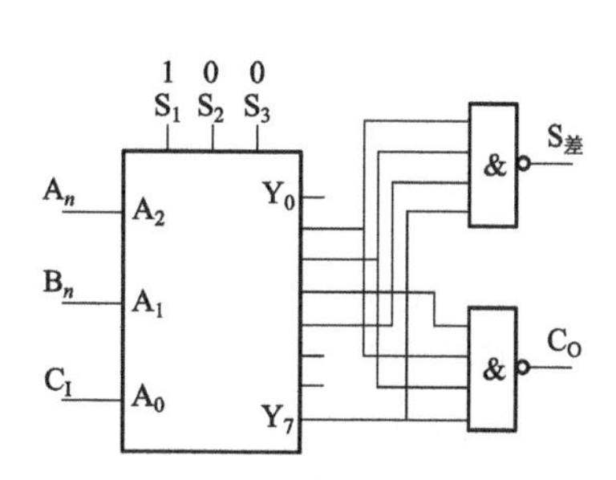

图 3.3.5　全减器逻辑电路图

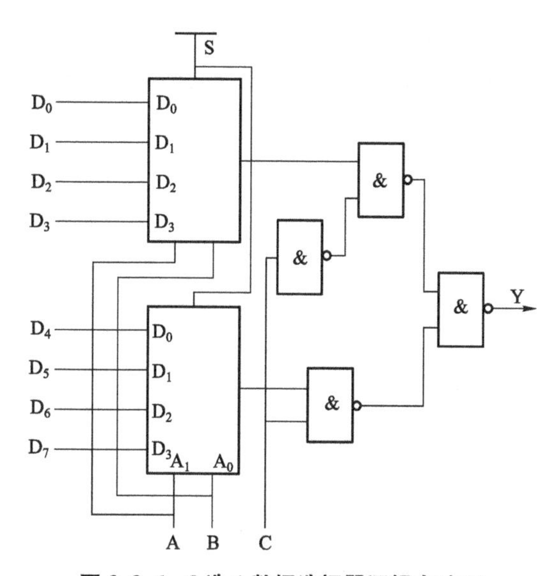

图 3.3.6　8 选 1 数据选择器逻辑电路图

六、实验报告要求

每个实验任务必须列出真值表，画出逻辑图，附有实验记录，并对结果进行分析。

实验四　利用集中触发器设计同步时序电路

一、实验目的

1. 掌握集成触发器的使用方法和逻辑功能的测试方法
2. 掌握用 SSI 设计同步时序逻辑电路及其检测方法

二、实验设备

1. 电子技术实验箱
2. 数字万用表
3. 双踪示波器
4. 74LS112 两片，74LS20 一片，74LS00 一片

三、实验原理

触发器是具有记忆功能的二进制信息存储器件，是时序逻辑电路的基本器件之一。基本 RS 触发器由两个与非门交叉耦合而成，是 TTL 触发器的最基本组成部分，其逻辑图如图 3.4.1 所示，它能够存储 1 位二进制信息，但存在$\overline{R}+\overline{S}=1$ 的约束条件。

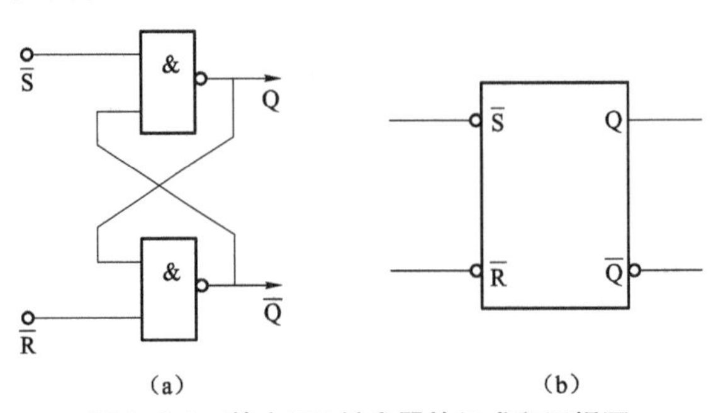

图 3.4.1　基本 RS 触发器的组成和逻辑图

(a) 电路组成；(b) 逻辑符号

基本 RS 触发器的用途之一是作无抖动开关。例如，在图 3.4.2 (a) 所示的电路中，希望在开关 S 闭合时通过 A 点的电压变化是从+5 V 到 0 V 的清楚跃迁，但是由于机械开关的接触抖动，往往在几十毫秒内电压会出现多次抖动，相当于连续出现了几个脉冲信号。显然，用这样的开关产生的信号直接作为电路的驱动信号可能导致电路产生错误动作，这在有些情况下是不允

许的。为了消除开关的接触抖动，可在机械开关与驱动电路间接入一个基本RS触发器（如图3.4.3所示），使开关每扳动一次，A点输出信号仅发生一次变化。通常把存在抖动的开关称为数据开关，把这种带RS触发器的无抖动的开关称为逻辑开关。

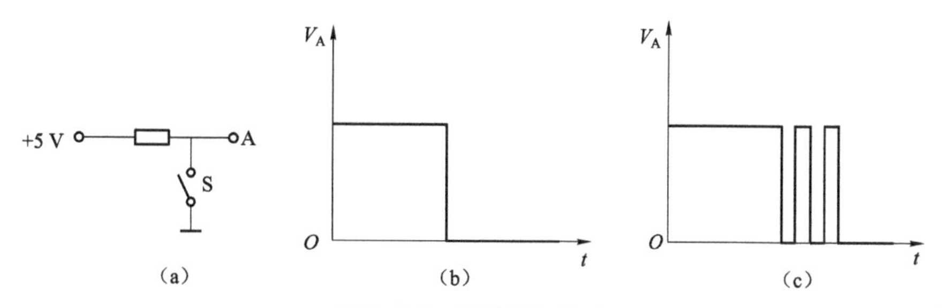

图3.4.2　开关延迟抖动

（a）电路；（b）清楚跳跃；（c）多次抖动

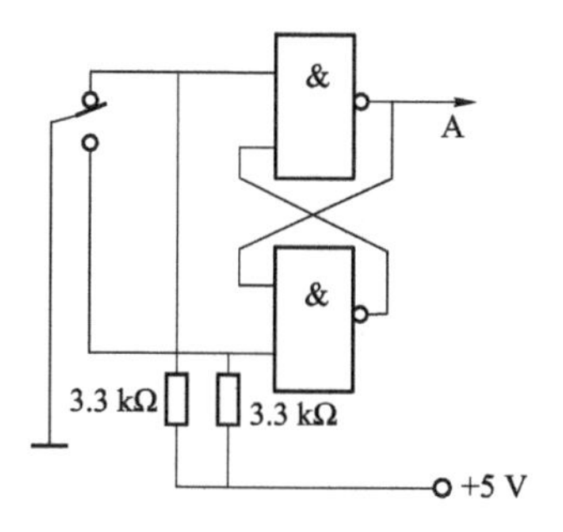

图3.4.3　无抖动开关电路

JK触发器是一种逻辑功能完善，使用灵活和通用性较强的集成触发器，其在结构上可分为两类：一类是主从结构触发器，另一类是边沿触发器。它们的逻辑符号如图3.4.4所示。

触发器有三种输入端：第一种是直接置位复位端，用S_D和R_D表示，在$\overline{S}_D=0$（或$\overline{R}_D=0$）时，触发器将不受其他输入端所处状态影响，使触发器直接置1（或置0）；第二种是时钟输入端，用来控制触发器发生状态更新，用CP表

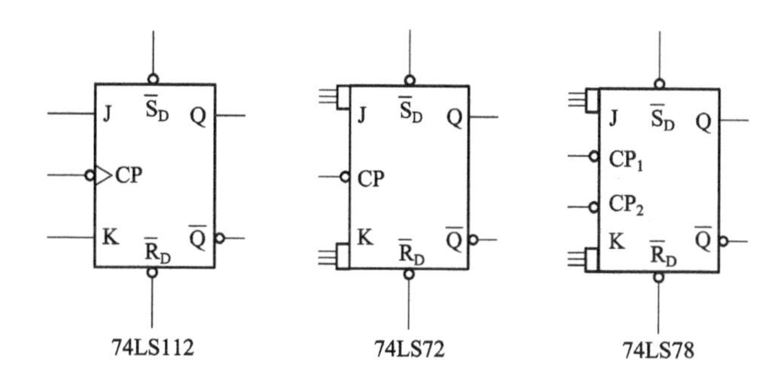

图3.4.4　JK触发器逻辑符号

示（在国家标准符号中称作控制输入端，用C表示）。框外若有小圈表示时，触发器在时钟下降沿发生状态更新；若无小圈，则表示触发器在时钟的上升

沿发生状态更新（原部标型号 74LS078 JK 触发器，含有 CP_1 和 CP_2 两个时钟脉冲输入端，通常应连在一起使用）；第三种是数据输入端，它是发器状态更新的依据，对于 JK 触发器，其状态方程为：$Q_{n+1}=J_n\overline{Q}_n+\overline{K}_nQ_n$。

D 触发器是另一种使用广泛的集成触发器，74LS74 是一个双上升沿 D 触发器，逻辑符号如图 3.4.5 所示，其状态方程为：$Q_{n+1}=D_n$。

不同类型触发器对时钟信号和数据信号的要求各不相同。一般来说，边沿触发器要求数据信号超前于触发边沿一段时间出现（称之为建立时间），并且要求在边沿到来后再继续维持一段时间（称为保持时间）。对于触发边沿也有一定要求（例如，通常要求小于 100 ns 等）。主从触发器对上述时间参数要求不高，但要求在 CP = 1 期间，外加的数据信号不允许发生变化，否则会出现工作不可靠现象。

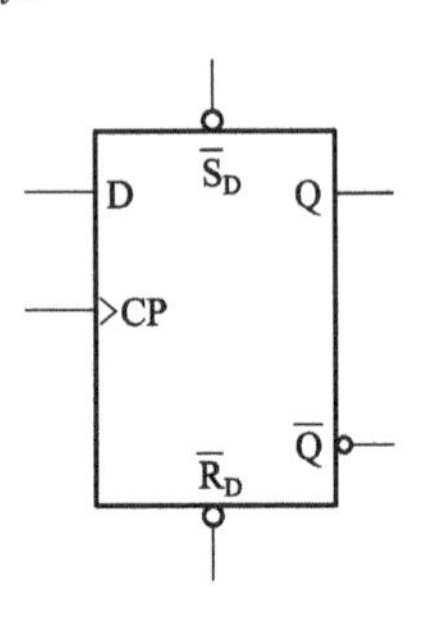

图 3.4.5　D 触发器逻辑符号

触发器的应用范围很广，图 3.4.6 所示为实际应用的例子。它是同步模五加法计数器的逻辑图和工作波形图。

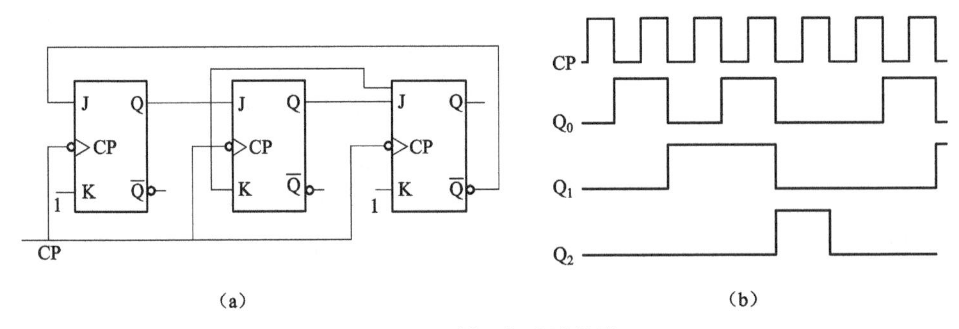

图 3.4.6　模五加法计数器

（a）逻辑图；（b）工作波形图

图 3.4.7 所示为同步时序逻辑电路的设计流程图。其中主要有四个步骤，即确定状态转换图或状态转换表、状态化简、状态分配和确定触发器控制输入方程，故这种方法又称四步法。

根据设计要求写出动作说明，列出动作转换图或状态转换表，这是整个逻辑设计中最困难的一步，设计者必须对所要解决的问题有较深入的理解，并运用一定的实际经验和技巧，才能描述出一个完整的比较简单的状态转换图。

对于所设计的逻辑电路图，必须进行实验检测，只有实际电路符合设计要求时，才能证明设计是正确的。

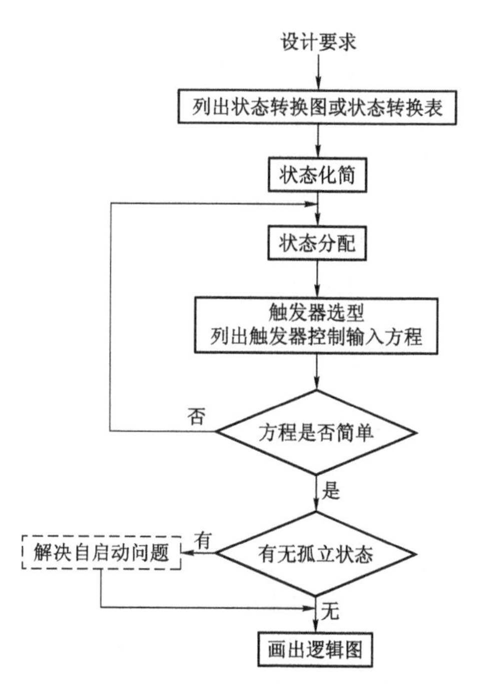

图 3.4.7　同步时序电路设计流程图

同步时序逻辑电路在设计和实验中的注意事项：

① 在一个电路中应尽可能选用同一类型的触发器。若电路中必须使用 2 种或 2 种以上类型的触发器时，各触发器对时钟脉冲的要求与响应应当一致。

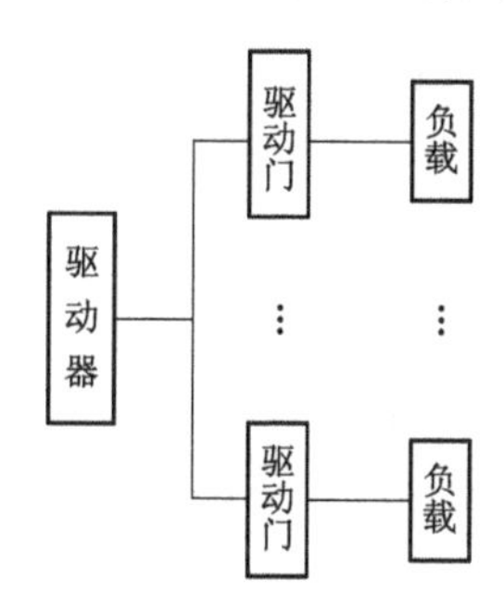

图 3.4.8　提高驱动能力的连接方法

② 由于触发器的 $\overline{R}_D$、$\overline{S}_D$ 和 CP 等输入端的输入电流是同类输入电流的 2~4 倍，因而在设计较复杂的电路时，必须考虑它们的前级电路对这些负载的驱动能力。必要时，可采用如图 3.4.8 所示的分支连接方法，在各支路中同时插入驱动门，既能扩大驱动电流，也可使各负载上获得信号的相对时间偏移较少。

③ 同步时序逻辑电路是在时钟脉冲控制下动作的，电路的所有输入信号（包括外加的各种非同步输入信号或是前级同步电路的输出信号），在时钟脉冲作用期间均应保持不变。通常同步时序逻辑电路的输入与输出就是指在时钟作用期间的即时输入 X_n 和即时输出 Z_n，而在无时钟脉冲作用的任何期间内的输入与输出均不能称为即时输入和即时输出。然而实际电路中，只要电路所处状态及有关输入满足输出条件，无论它是否在时钟作用期间，电路都有输

出，但这时的输出并不是即时输出。为了获得即时输出的正确指示，应采取适当的措施。对于在时钟脉冲下降沿动作的同步时序逻辑电路，可以认定时钟正脉冲（CP=1）时作为时钟作用期间，那么只要使 CP 信号与上述的电路输出相与，就能得到即时输出的正确指示。

④ 设计的电路中包含 n 个触发器，那么电路就可能有 2^n 个状态。若电路实际使用状态数少于 2^n 个，那么必须对所有未使用状态（或称多于状态）逐个进行检查。观察电路一旦进入其中任一个使用状态后，是否能经过若干个时钟脉冲返回到使用状态。如果不能，说明电路存在孤立状态，必须采取措施加以消除，以保证电路具有自启动能力。检查的方法是利用各级触发器的 $\overline{S}_D$ 和 $\overline{R}_D$ 段，把电路置于被检查的未使用状态，观察电路在时钟脉冲作用下状态转换的情况。

⑤ 电路的逻辑功能测试有静态和动态两种方法。

a. 静态测试就是测试电路的状态转换真值表。测试时，时钟脉冲由逻辑开关提供，用发光二极管指示电路输出。

b. 动态测试是指在时钟输入端输入一个方波信号，用双踪示波器观察电路各级的工作波形。在每次观察时应选用合适的信号从示波器的内触发信号的通道输入，并记录电路的工作波形。

四、实验内容

1. 基本 RS 触发器的功能测试

按表 3-4-1 要求，改变 $\overline{S}_D$ 和 $\overline{R}_D$，观察和记录 Q 与 $\overline{Q}$ 的状态，并回答下列问题：

① 触发器在实现 JK 触发器功能的正常工作状态时，$\overline{S}_D$ 和 $\overline{R}_D$ 应处于什么状态？

② 欲使触发器状态 Q=0，对直接置位、复位端应如何操作？

表 3-4-1　基本 RS 触发器的功能测试

$\overline{S}_D$	$\overline{R}_D$	Q	$\overline{Q}$
1	1		
1	1→0		
1	0→1		
1→0	1		
0→1	1		
1→0	1→0		

续表

$\overline{S}_D$	$\overline{R}_D$	Q	$\overline{Q}$
1→0	1→0		
0→1	0→1		

2. JK 触发器的功能测试

（1）按表 3-4-2 要求，测试并记录触发器的逻辑功能（表中 CP：0→1 和 1→0 表示一个时钟正脉冲的上升边沿和下降边沿。应有逻辑开关供给）。

（2）使触发器处于计数状态（J=K=1），CP 端输入 $f=100$ kHz 的方波信号，记录 CP、Q 和$\overline{Q}$的工作波形。根据波形回答下列问题：

① Q 状态更新发生在 CP 的哪个边沿？

② Q 与 CP 二信号的周期有何关系？

③ Q 与$\overline{Q}$的关系如何？

表 3-4-2　JK 触发器的功能测试

J	K	CP	Q_{n+1}	
			$Q_n=0$	$Q_n=1$
0	0	0→1		
		1→0		
0	1	0→1		
		1→0		
1	0	0→1		
		1→0		
1	1	0→1		
		1→0		

3. D 触发器（74LS74 或 74LS76）的功能测试

（1）按表 3-4-3 要求测试并记录相互发生的逻辑功能。

（2）使触发器处于计数状态（$\overline{Q}$与 D 相连接），CP 端输入 $f=100$ kHz 的方波信号，记录 CP、Q、$\overline{Q}$的工作波形。

表 3-4-3　D 触发器的功能测试

D	CP	Q_{n+1}	
		$Q_n=0$	$Q_n=1$
0	0→1		
	1→0		

续表

D	CP	Q_{n+1}	
		$Q_n=0$	$Q_n=1$
1	0→1		
	1→0		

4. 使用JK触发器设计一个二进码五进制的同步减法计数器

（1）写出设计过程，划出逻辑图。

（2）测试并记录电路的状态转换真值表（包括非使用状态）。

（3）观察并记录时钟脉冲和各级触发器输出的工作波形（由于输出波形的不对称性，应特别注意测试方法，正确观察它们的时间关系）。

（4）二进码五进制同步减法计数器参考电路如图3.4.9所示。

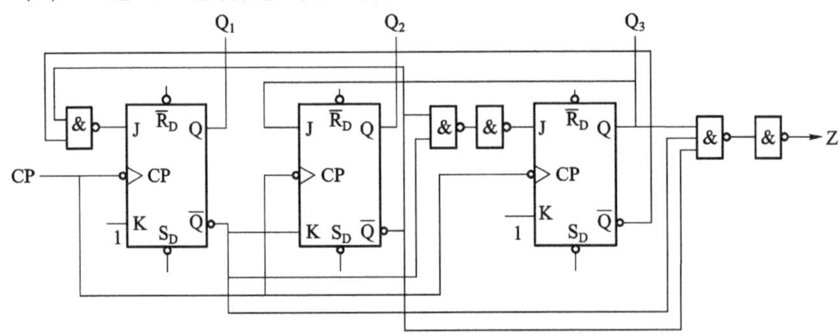

图3.4.9 实验任务4参考电路图

五、思考题

1. 为什么集成触发器的直接置位、复位端不允许出现$\overline{S}_D+\overline{R}_D=0$的情况？

2. 用普通的机械开关组成的数据开关产生的信号是否能作触发器的时钟脉冲信号？为什么？是否可用作触发器的其他输入端信号？又是为什么？

3. 什么是同步时序电路的即时输入和即时输出？

4. 一个8421码的十进制同步加法计数器，它的进位输出信号在第几个时钟脉冲作用后出现$Z_n=1$？在第10个时钟脉冲到来后，$Z_n=$？

六、实验报告要求

1. 按任务要求记录实验数据，并回答提出的问题。

2. 写出任务的设计过程，画出逻辑图。

3. 数据记录力求表格化，波形图必须画在方格坐标纸上。

实验五　脉冲信号产生电路

一、实验目的

1. 掌握使用集成逻辑门、集成单稳态触发器和555时基电路设计脉冲信号产生电路的方法

2. 掌握影响输出波形参数的定时元件数值的计算方法

3. 熟悉使用信号源的计数功能，测量脉冲信号周期 T 和脉宽 T_w 的方法

二、实验设备

1. 电子技术实验箱

2. 数字万用表

3. 双踪示波器

4. 74LS00、555时基电路、74LS123各一片

三、预习内容

1. 了解信号源计数的基本测试原理。

2. 了解面板上各开关的作用和仪器使用方法。

四、实验原理

数字电路中，经常使用矩形脉冲作为信号进行信息传送，或者作为时钟脉冲用来控制和驱动电路，使各部分协调动作。获得矩形脉冲波的电路通常有两类：一类是自激多谐振荡器，它是不需要外加信号触发的矩形波发生器；另一类是它激多谐振荡器，在这类电路中，有的是单稳态触发器，它需要在外加触发信号作用下，输出具有一定宽度的脉冲波，而有的是整形电路（施密特触发器），它对外加输入的正弦波等波形进行整形，使电路输出矩形脉冲波。

1. 利用与非门组成脉冲信号产生电路

与非门作为一个开关倒相器件，可用来构成各种脉冲波形的产生电路。电路的基本工作原理是利用电容器的充、放电，当输入电压达到与非门的阈值电压 V_T 时，门的输出状态即发生变化，因此电路中的阻容元件数值将直接与电路输出脉冲波形的参数有关。

（1）组成自激多谐振荡器　由门组成的自激多谐振荡器有对称型振荡器、非对称型振荡器和环型振荡器等等。图3.5.1所示为一种带有 RC 网络的环型

振荡器。其中，R_0为限流电阻，一般取 100 Ω，受电路工作条件约束，要求 $R \leqslant 1$ kΩ，电路输出信号的周期 T 约等于 $2.2RC$。

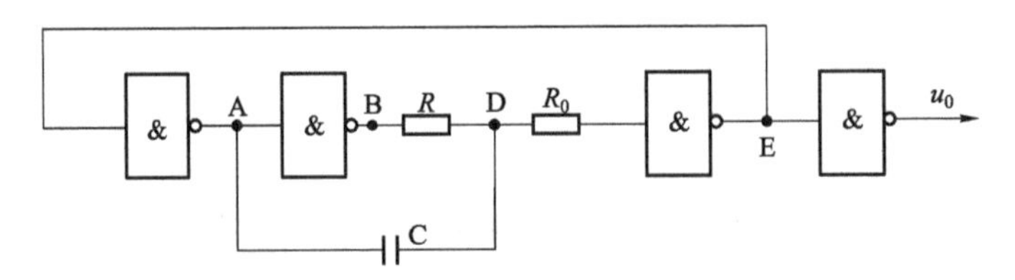

图 3.5.1 带有 *RC* 电路的环形振荡器

图 3.5.2 介绍了几种常用的晶体振荡器电路，其中，图 3.5.2（a）、图 3.5.2（b）所示为 TTL 电路组成的晶体振荡电路，图 3.5.2（c）所示为由 CMOS 电路组成的晶体振荡电路，它是电子钟内用来产生秒脉冲信号的一种常用电路，其中晶体的 $f_0 = 32\ 768$ Hz。

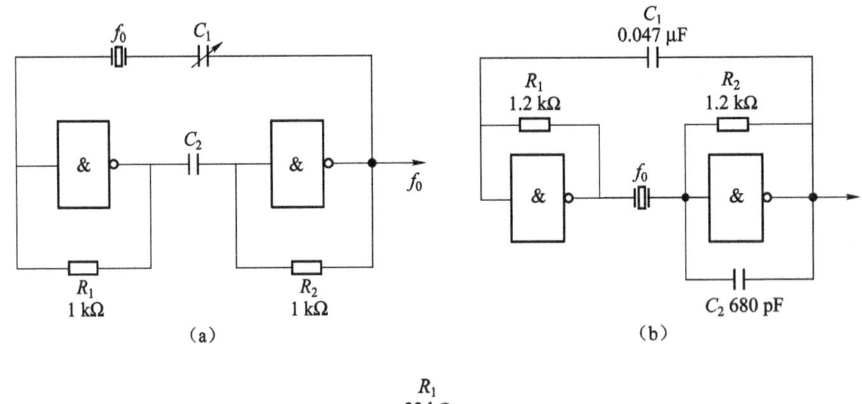

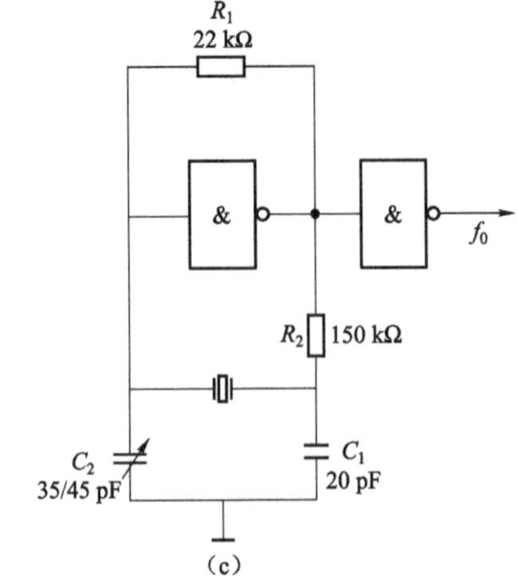

图 3.5.2 常用的晶体振荡电路

(a) $f_0 = 5$ Hz~30 MHz；(b) $f_0 = 100$ kHz（5 kHz~30 MHz）；(c) $f_0 = 32\ 768$ Hz

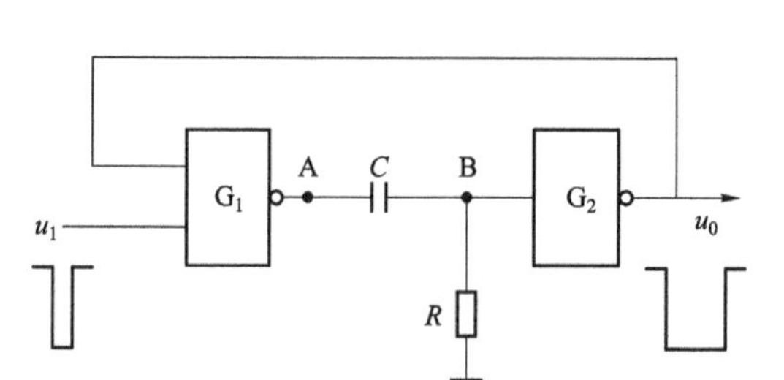

图 3.5.3　微分型单稳态触发器

（2）组成单稳态触发器　图 3.5.3 所示为一种微分型单稳态触发器电路图及其各点的工作波形图。这种电路适用于触发脉冲宽度小于输出脉冲宽度的情况。稳态时要求 G2 门处于截止状态（输出为高电平），故 R 必须小于 1 kΩ。定时元件参数 RC 取值不同，通常 $T_w=(0.7\sim1.3)\ RC$。

图 3.5.4 所示为一种积分型单稳态触发器电路图及其各点的工作波形图。这种电路适用于触发脉冲宽度大于输出脉冲宽度的情况。稳定条件要求 $R\leqslant1$ kΩ。与微分型单稳态触发器相似，脉冲宽度的变化范围经实验证明 $T_w=(0.7\sim1.4)RC$。

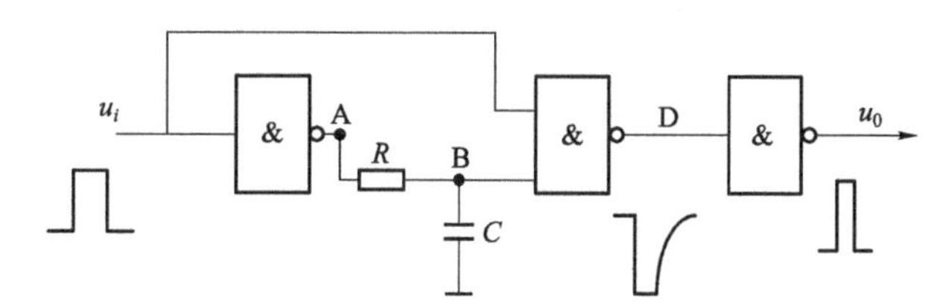

图 3.5.4　积分型单稳态触发器

从电路分析可以知道，输出脉冲宽度和电路的恢复时间均与 RC 电路的充放电有关，因而电路的恢复时间较长。在实际工作中，要求触发脉冲（方波）的周期应大于单稳态触发器输出脉冲宽度的 2 倍以上。

（3）组成施密特触发器　图 3.5.5 所示为利用与非门组成的具有一定电位差的施密特触发器。由于目前已有多种具有施密特触发输入的集成器件，因此实际使用时直接选用这类器件即可。

2. 集成单稳态触发器及其应用

集成单稳态触发器在没有触发信号输入时，电路输出 Q=0，电路处于稳态；当输入端输入触发信号时，电路由稳态转入暂稳态，使输出 Q=1；待电路暂稳态结束，电路又自动返回到稳态 Q=0。在这一过程中，电路输出一个具有一定宽度的脉冲，其宽度与电路的外接定时元件 C_{ext} 和 R_{ext} 的数值有关。集成单稳态触发器有非重触发和可重触发 2 种。74LS123 是一种双可重触发的单稳态触发器，它的逻辑符号如图 3.5.6 所示，表 3-5-1 是它的功能表。在 $C_{ext}>1\ 000$ pF 时，输出脉冲宽度 $T_W\approx0.45R_{ext}C_{ext}$。

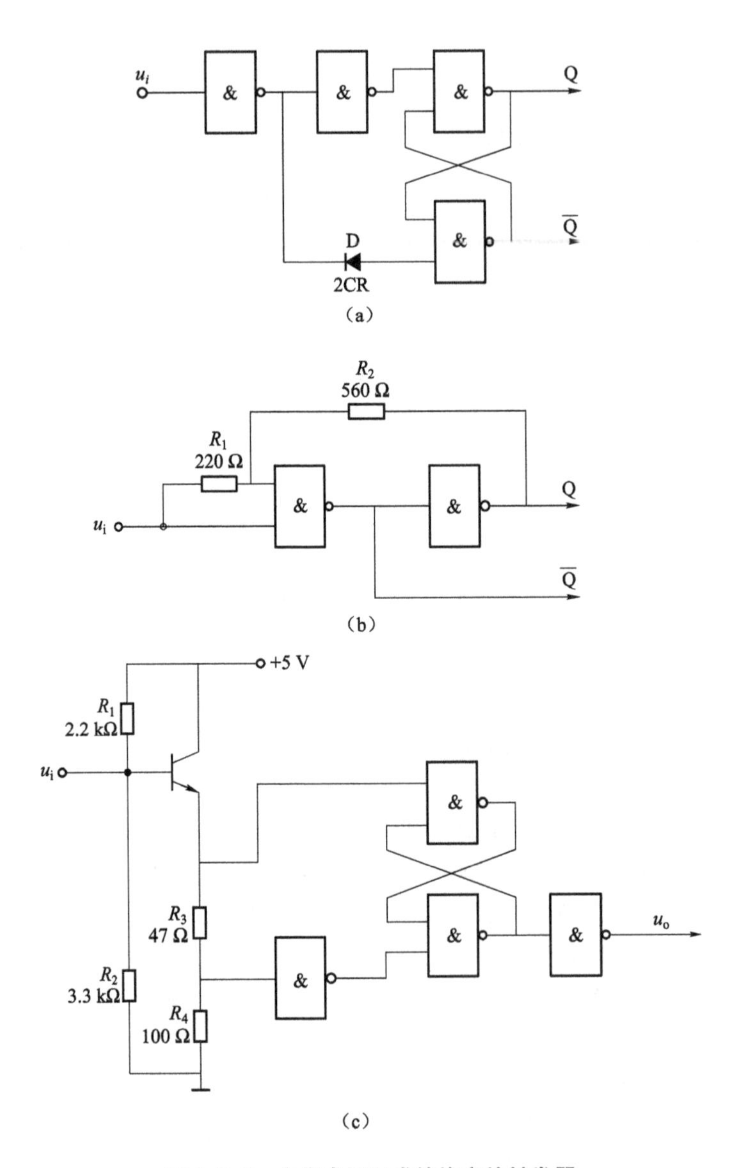

图 3.5.5 由集成门组成的施密特触发器

(a) 由二极管 D 产生回差的电路；(b) 由电阻 R_1、R_2产生回差的电路；

(c) 由射极跟随器电阻 R_3、R_4产生回差的电路

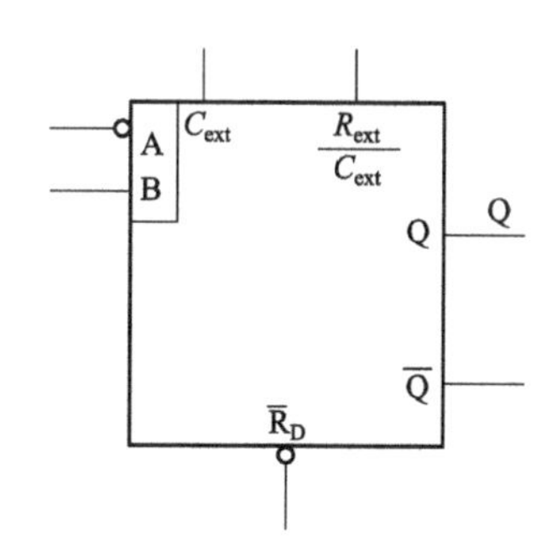

图 3.5.6　74LS123 逻辑符号

表 3-5-1　74LS123 的功能表

$\overline{R}_D$	$\overline{A}$	B	Q	$\overline{Q}$
0	×	×	0	1
×	1	×	0	1
×	×	0	0	1
1	0	↑	⊓	⊔
1	↓	1	⊓	⊔
↑	0	1	⊓	⊔

器件的可重触发功能是指在电路一旦被触发（即 Q=1）后，只要 Q 还未恢复到 0，电路可以被输入脉冲重复触发，Q=1 将继续延长，直至重复触发的最后一个触发脉冲到来后，再经过一个 T_w（该电路定时的脉冲宽度）时间，Q 才变为 0。

74LS123 的使用方法：

① 有 A 和 B 两个输入端，A 为下降沿触发，B 为上升沿触发，只有出现 AB=1 时电路才被触发。

② 连接 Q 与 A 或 $\overline{Q}$ 与 B，可使器件变为非重触发单稳态触发器。

③ $\overline{R}_D$=0 时，使输出 Q 立即变为 0，可用来控制输出脉冲宽度。

④ 按图 3.5.7 连接电路，可组成一个矩形波信号发生器，利用开关 S 瞬时接地，使电路起振。

3. *555 时基电路及其应用*

555 时基电路是一种模拟集成电路，它的内部电路框图如图 3.5.8 所示。电路主要由两个高精度比较器 C_1、C_2 以及一个 RS 触发器组成。比较器的参考电压分别是 $2/3V_{cc}$ 和 $1/3V_{cc}$，利用触发输入端 TR 输入一个小于 $1/3V_{cc}$ 的信

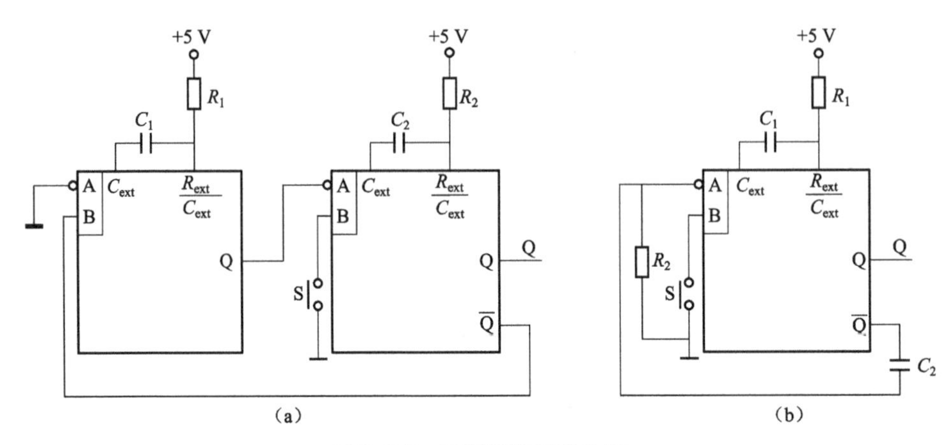

图 3.5.7 矩形波信号发生器

(a) 信号发生器 1；(b) 信号发生器 2

号，或者阈值输入端 TH 输入一个大于 $2/3U_{cc}$的信号，可以使 RS 触发器状态发生变换。CT 是控制输入端，可以外接输入电压，以改变比较器的参考电压值。在不接外加电压时，通常接 0.01 μF 电容器到地。C_t是放电输入端，当输出端的 F=0 时，C_t对地短路，当 F=1 时，C_t对地开路。R 是复位输入端。当 R=0 时，有输出端 F=0。

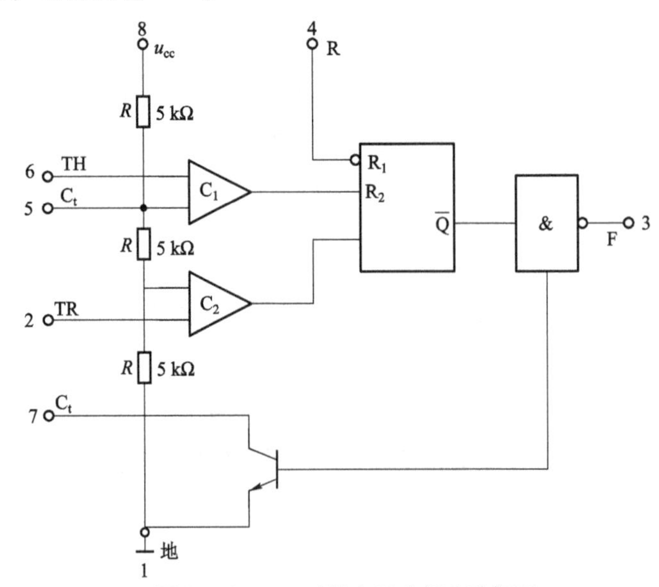

图 3.5.8 555 时基电路内部电路框图

器件的电源电压 U_{cc}可以是-15～+5 V，输出的最大电流可达 200 mA。当电源电压为+5 V 时，电路输出与 TTL 电路兼容。555 电路能够输出从微秒级到小时级时间范围很广的信号。

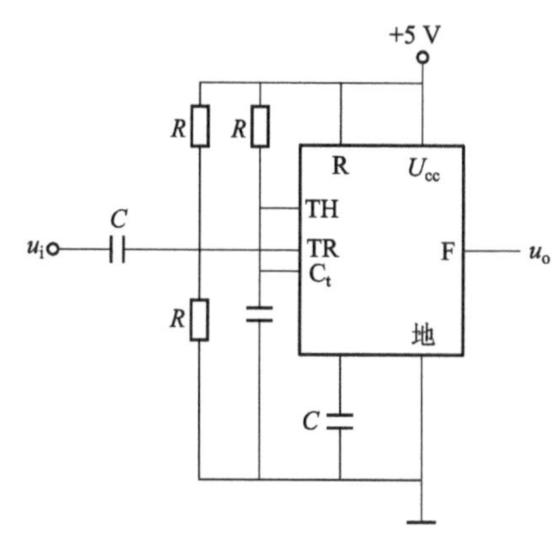

图 3.5.9 单稳态触发器电路

(1) 555 电路按图 3.5.9 连接，即被连成一个单稳态触发器，其中 R、C 是外接定时元件，R_1、R_2 和 C_1 是保证电路在没有输入信号触发时，触发输入端 TR 的电压大于 $1/3U_{cc}$，使电路处于稳态。此时输出端 F 为低电平，放电端 C_t 与地短路。在输入端加负向脉冲信号 v_i，驱动 TR 端使电路进入暂稳态，F 输出由低变高，同时 C_t 端呈高阻态。电源 U_{cc} 通过 R 向 C 充电，当 C 的电压上升到高于 $2/3U_{cc}$ 时，此时由于 TH 端大于 $2/3U_{cc}$，电路状态再次发生变化，C_t 端与地短路，C 通过 C_t 端迅速放电，F 输出由高变低，暂稳态结束，电路又恢复到稳态。单稳态触发器的输出脉冲宽度 T_w 约等于 $1.1RC$。注意：由 555 组成单稳态触发器时，要求输入脉冲低电平的宽度应小于单稳态触发器输出正脉冲的宽度。

(2) 按图 3.5.10 连线，即可连成一个自激多谐振荡器电路，此电路与单稳态触发器的工作过程不同之处是电路没有稳态，仅存在 2 个暂稳态，电路不需要外加触发信号，利用电源通过 R_1、R_2，向 C 充电，以及 C 通过 R_2 向放电端 C_t 放电，使电路产生振荡。输出信号的时间参数是：

$$T=T_1+T_2$$

式中，$T_1=0.7(R_1+R_2)C$（正脉冲宽度）；$T_2=0.7R_2C$（负脉冲宽度）；$T=0.7(R_1+2R_2)C$。

555 电路要求 R_1 与 R_2 均应大于 1 kΩ，但 R_1+R_2 应小于 3.3 MΩ。

在图 3.5.10 所示电路中接入部分元件，可以构成下述电路：

① 若在电阻 R_2 上并接一只二极管（2AP3），并取 $R_1 \approx R_2$，电路可以输出接近方波的信号。

② 在 C 与 R_2 连接点和 TR 与 TH 连接点之间的连接线上，串接入一个如图所示的晶体网络，电路便成为一个晶体振荡器。晶体网络中 1 MΩ 电阻器作直流通路用，并联电容用来微调振荡器的频率。只要选择 R_1、R_2 和 C，使在晶体网络接入之前，电路振荡在晶体的基频（或谐频）附近，接入网络后，电路就能输出一个频率等于晶体基频（或谐频）的稳定振荡信号。

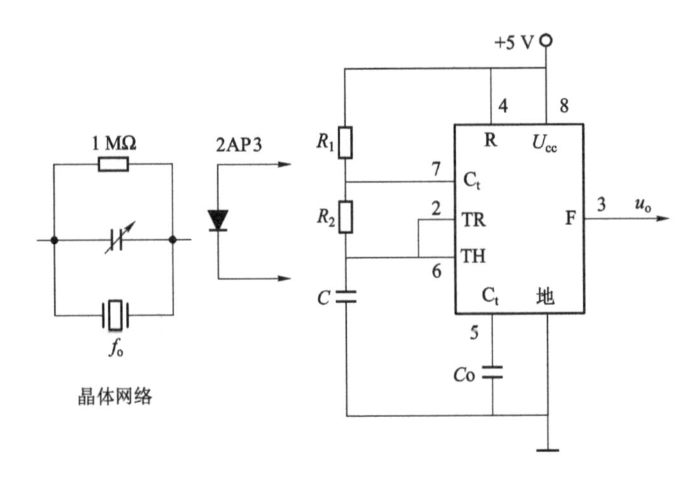

图 3.5.10 自激多谐振荡器电路

（3）组成施密特触发器 利用控制输入端 CT 接入一个稳定的直流电压。被变换的信号同时从 TR 和 TH 端输入，即可输出整形后的波形（电路的正向阈值电压与 CT 端电压相等，负向阈值电压是 CT 端电压的 1/2）。

五、实验内容

（1）使用 555 时基电路组成图 3.5.10 所示电路，取 $R_1=R_2=4.7\ \text{k}\Omega$，$C=C_0=0.01\ \mu\text{F}$。

① 用示波器观察并记录触发输入端 TR 和输出端 F 的工作波形，读出输出信号的周期 T 和正脉冲宽度 T_w 的值。

② 用信号源的计数功能测量与记录输出信号的 T 与 T_w 的值。

③ 将上述 2 种测试结果与理论计算值比较，分析实验误差。

（2）按图 3.5.11 所示电路连接，组成一个微分型单稳态触发器，其中 $R_i=12\ \text{k}\Omega$，$C_i=300\ \text{pF}$，$R=300\ \Omega$，$C=0.047\ \mu\text{F}$；当输入 1 kHz 方波信号时，做如下内容：

① 观察并记录输入信号 u_i，输出信号 u_o以及 A、B、C、D 各点的工作波形，读出 u_o的负脉冲宽度 T_w 的值。

② 用示波器读出 u_o的负脉冲宽度 T_w 值。

（3）使用集成单稳态触发器 74LS123 设计一个下降沿延迟电路，把任务 1 输出的矩形波下降沿延迟 20 μs，并使输出的负脉冲宽度为 20 μs。

① 画出设计电路图，取外接定时电容 $C=0.01\ \mu\text{F}$，计算电阻器阻值。

② 观察并记录输入、输出的工作波形。

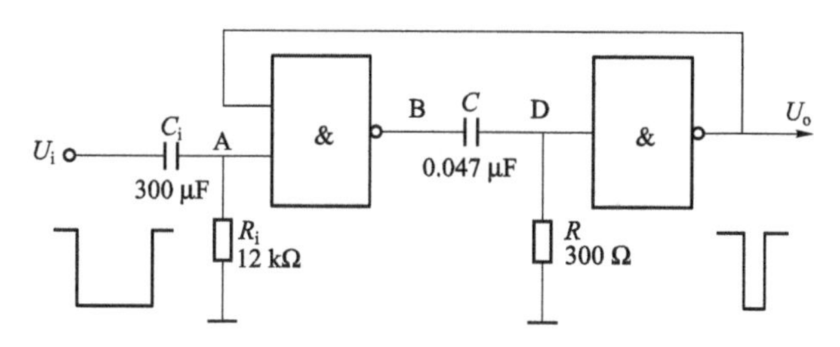

图 3.5.11　微分型单稳态触发实验电路

③ 用通用计数器测量输出信号下降沿相对输入信号下降沿实际延迟时间和输出负脉冲的实际宽度。

六、思考题

1. 任务 2 对图 3.5.11 所示电路中的 R_i 和 C_i 的值有什么要求？为什么？

2. 利用 555 时基电路设计制作一只触摸式开关定时控制器，每当用手触摸一次，电路即输出一个正脉冲宽度为 10 s 的信号，画出电路图并检测电路功能。

七、实验报告要求

1. 写出设计计算过程，画出标有元件参数的实验电路图，并对测试结果进行分析（包括误差分析）。

2. 用方格坐标纸画出工作波形图，图中必须标出零电平线位置。

实验六　四路优先判决电路设计

一、实验目的

1. 掌握 D 触发器、与非门等数字逻辑基本电路原理及应用
2. 提高分析故障及排除故障能力

二、实验设备

1. 电子技术实验箱
2. 数字万用表
3. 双踪示波器
4. 74LS00、74LS20、74LS175、NE555 音乐片各一片

三、预习内容

1. 认真阅读本实验说明，分析电路工作原理。
2. 在图 3.6.1 中标注管脚号，拟定实验步骤。

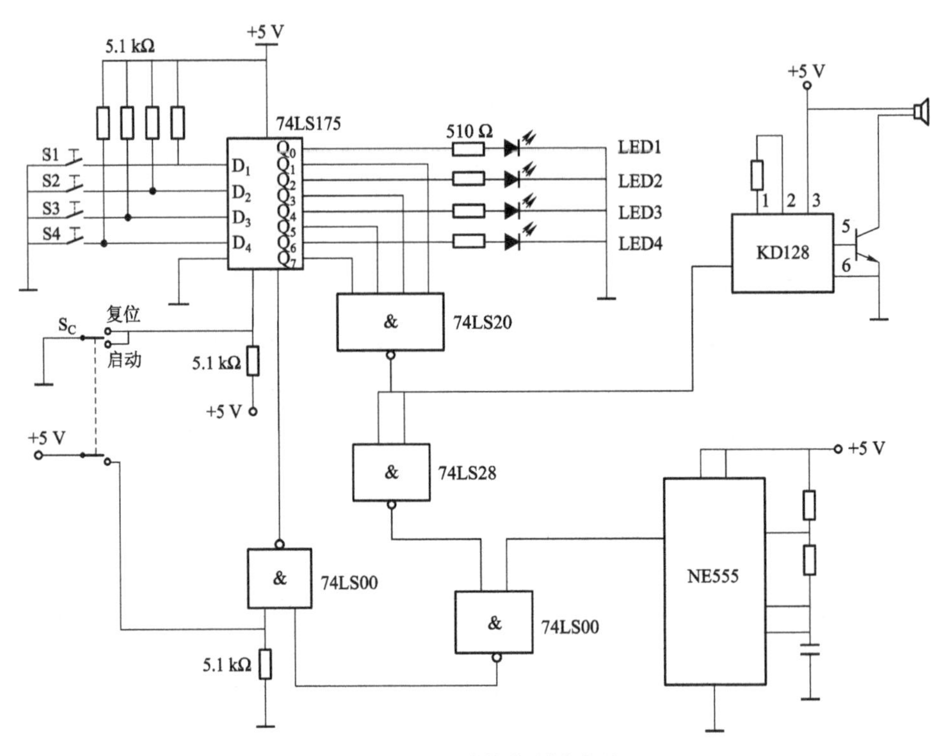

图 3.6.1 四路优先判决电路

四、电路设计要求

优先判决电路是通过逻辑电路判决哪一个预定状态优先发生的一个装置，可用于智力竞赛抢答及测试反应能力等。S1 ~ S4 为抢答人所用按钮，LED1 ~ LED4 为抢答成功显示，同时扬声器发声。

工作要求：

① 控制开关在“复位”位置时，S1 ~ S4 按下无效。

② 控制开关打到“启动”位置时：

a. S1 ~ S4 无人按下时 LED 不亮，扬声器不发声。

b. S1 ~ S4 有一个按下，对应 LED 亮，扬声器发声，其余开关再按则无效。

③ 控制开关 Sc 打到“复位”时，电路恢复等待状态，准备下一次抢答。

④ 说明设计原理及逻辑关系。

五、实验内容

1. 按设计电路图正确接线，按预习拟定的实验步骤工作。

2. 按上述工作要求测试电路工作情况（至少 4 次，即 S1～S4 各优先一次）。

3. 对应预习原理分析电路工作状态并测试。如电路工作不正常，自行研究排除。

附注：KD128 为门铃音乐集成电路，其 4 脚为高电平时发声，声音有“叮咚”等声，亦可用其他音乐电路或蜂鸣器等作声响元件。

六、实验报告要求

1. 说明设计原理及逻辑关系。

2. 说明实验方法及步骤。

3. 对实验结果进行分析。

附录　常用集成电路型号对照表与引出端排列图

使用说明

（1）本附录仅收集了部分常用集成电路，供实验时查阅。在进行综合实验时，设计选用其他器件，可查阅其他手册。

（2）74LS 型号共有 4 个系列，附录中仅使用表示品种代号的三位数字尾数来表示，并在尾数的左上角加一撇号。例如：′020 表示包括 74LS1020、74LS2020、74LS3020 和 74LS4020 4 种器件。

（3）常用器件型号对照表（见附表 1，附表 2）中列出了与 CT0000 系列器件逻辑功能相同的部标 T000 系列型号和部分生产厂型号，以及 CMOS 电路的 CC4000 和 C000 系列中的相应型号。此外，还列出了少量国际系列中无相应型号的 T000 系列器件，供实验选用。对于那些功能相同、引脚排列次序不同的器件，将用“Δ”标出。

（4）引出端排列图（见附图 1）按 74LS 系列和 T000 系列器件型号的顺序编排，每一种排列图除标有型号（包括排列相同的相应器件型号）外，还提供这种器件在本书中的有关资料供使用时查询。

附表 1　常用集成电路型号对照表

器件名称	型号	参考型号
1 024×4 静态随机存取存储器	2 114 A	2114
2 048×8 静态随机存取存储器	6116	
8 通道 8 位 A/D 转换器	ADC0809	
3½位双积分 A/D 转换器	CC14433	
555 时基电路		
通用Ⅲ型运算放大器	555	5G555、CC7555
7 段发光二极管数码管（共阴）单字	F007	5G24、μA741
7 段发光二极管数码管（共阴）双字	BS207	LC-50x1-11
寄存-译码-数字显示器	BS321201	LC-50x2-12
记数-寄存-译码-数字显示器	CL002	CH283L
	CL102	CH284L

附表 2　常用集成电路型号对照表

器件名称	TTL 电路			CMOS 电路	
	74LS 系列	T000 系列	其他型号	CC 系列	C000 系列
四 2 输入与非门	'000				
四 2 输入与非门（OC）	'003	T065			
六反相器	'004	T066		4011Δ	
双 4 输入与非门	'020	T082		4069	
4 线-7 段译码器/驱动器（BCD	'048	T063		4012Δ	C036
输入，有上拉电阻）	'064	T072Δ	M41、T24	4511Δ	C033
4 路 4-2-3-2 输入与或非门	'072	T077	M40、SM3402	4013Δ	C034
与门输入主从 JK 触发器（有预	'074	T690	M21、T21	4070Δ	C043
置、清除端）	'086	T079	M51Δ、SM5104Δ	14528Δ	C660
双上升沿 D 触发器	'112	T330Δ	Z63Δ	14539	J210Δ
四 2 输入异或门	'123	T574	D64	40160	C661Δ
双下降沿 JK 触发器	'125	T216	J156	40161	C188Δ
双可重触发单稳态触发器（有清	'138	T214	T54、SM6201	4510Δ	C189Δ
除端）	'153	T694	C31、SC3101	4516Δ	C181
四总线缓冲器（3S）	'160	T217	C11	40192	C184
3 线-8 线译码器	'161	T215		40193	C422
双 4 选 1 数据选择器（有使能输	'183	T453		40194	C662
入端）	'190	T575		4008Δ	
十进制可预置同步计数器（异步	'191	T693			
清除）	'192	T210Δ			
	'193				

续表

器件名称	TTL 电路			CMOS 电路	
	74LS 系列	T000 系列	其他型号	CC 系列	C000 系列
4 位二进制可预置同步计数器（异步清除） 双进位保留全加器 十进制可预置同步加/减计数器 4 位二进制可预置同步加/减计数器 十进制可预置同步加/减计数器（双时钟） 4 位二进制可预置同步加/减计数器（双时钟） 4 位双向移位寄存器（并行存取） 双 4 选 1 数据选择器（3S） 4 位二进制超前进位全加器 二-五-十进制异步计数器 双异或门 单 D 触发器 单 JK 触发器	'194 '253 '283 '290	T075 T076 T078	M41、T24 M40、SM3402 M21、T21 M51Δ、SM5104Δ Z63Δ D64 J156 T54、SM6201 C31、SC3101 C11	4011Δ 4069 4012Δ 4511Δ 4013Δ 4070Δ 14528Δ 14539 40160 40161 4510Δ 4516Δ 40192 40193 40194 4008Δ	C036 C033 C034 C043 C660 J210Δ C661Δ C188Δ C189Δ C181 C184 C422 C662

CC 系列电源端 V_{DD}、V_{SS}与 74LS 系列电源端 V_{CC}、地端对应。

40192、40193、C181 和 C184 与'192、'193 的引出端排列基本相同，仅 CPU 和 CPD 两引出端位置对调。

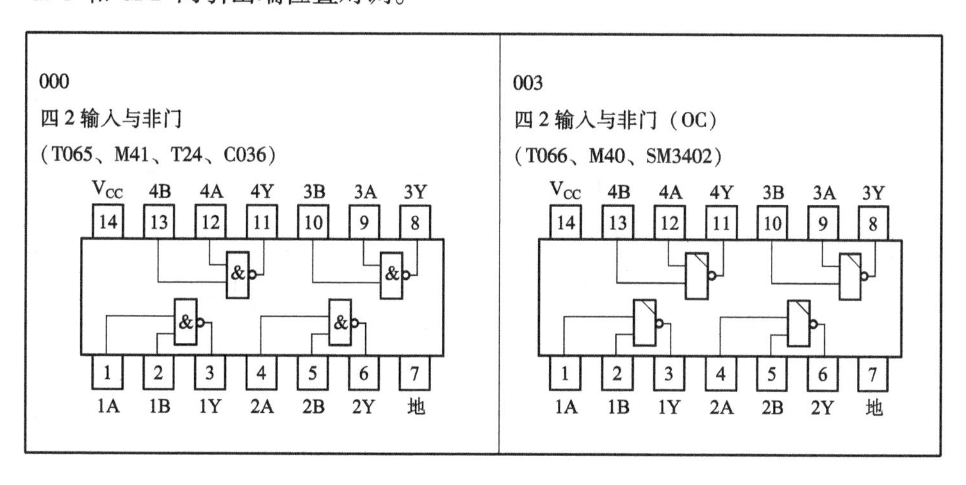

续表

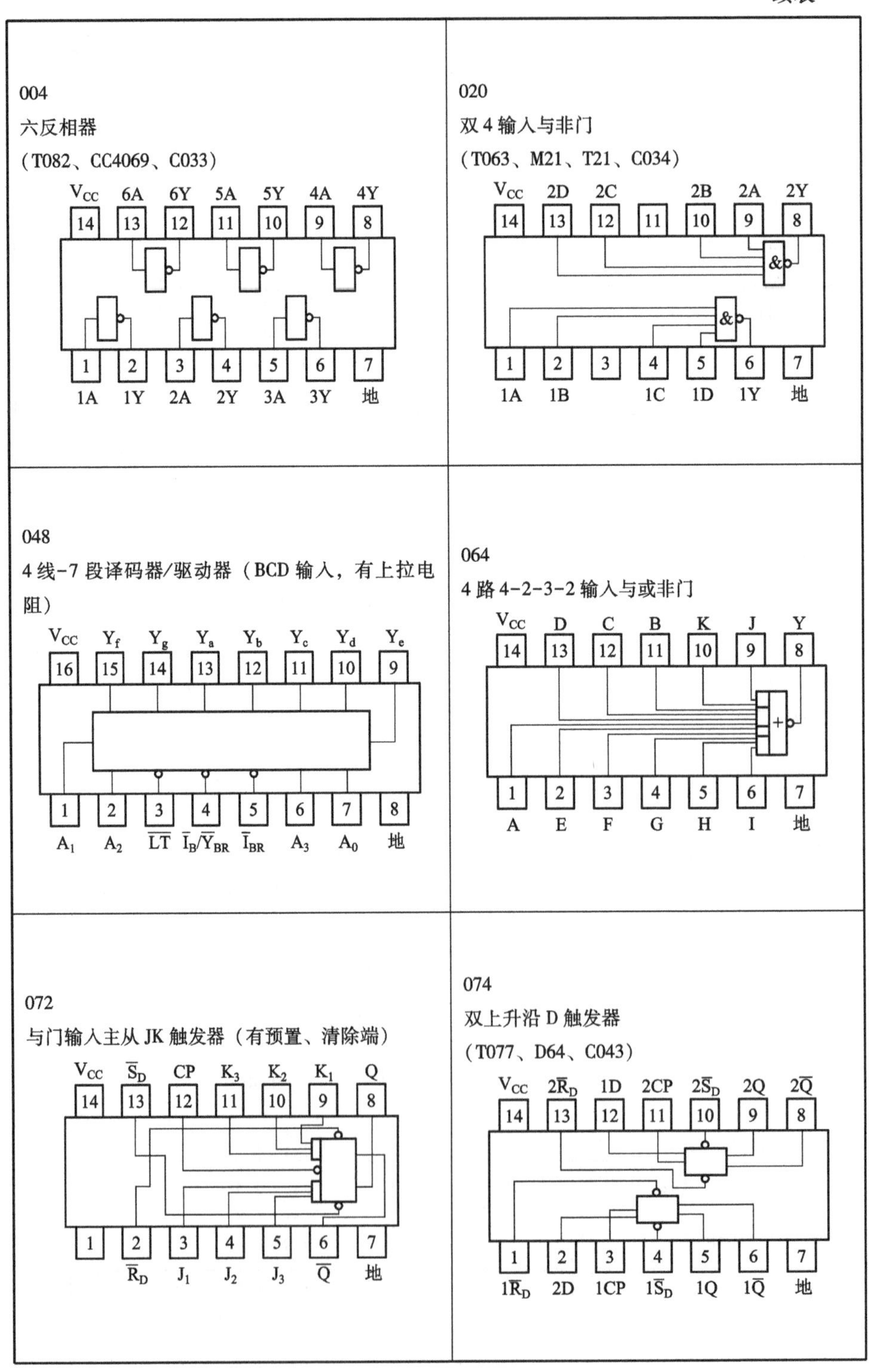
004
六反相器
(T082、CC4069、C033)
Vcc 6A 6Y 5A 5Y 4A 4Y
14 13 12 11 10 9 8
1 2 3 4 5 6 7
1A 1Y 2A 2Y 3A 3Y 地
020
双4输入与非门
(T063、M21、T21、C034)
Vcc 2D 2C 2B 2A 2Y
14 13 12 11 10 9 8
&
&
1 2 3 4 5 6 7
1A 1B 1C 1D 1Y 地
048
4线-7段译码器/驱动器（BCD输入，有上拉电阻）
Vcc Yf Yg Ya Yb Yc Yd Ye
16 15 14 13 12 11 10 9
1 2 3 4 5 6 7 8
A1 A2 LT IB/YBR IBR A3 A0 地
064
4路4-2-3-2输入与或非门
Vcc D C B K J Y
14 13 12 11 10 9 8
+
1 2 3 4 5 6 7
A E F G H I 地
072
与门输入主从JK触发器（有预置、清除端）
Vcc SD CP K3 K2 K1 Q
14 13 12 11 10 9 8
1 2 3 4 5 6 7
RD J1 J2 J3 Q 地
074
双上升沿D触发器
(T077、D64、C043)
Vcc 2RD 1D 2CP 2SD 2Q 2Q
14 13 12 11 10 9 8
1 2 3 4 5 6 7
1RD 2D 1CP 1SD 1Q 1Q 地

续表

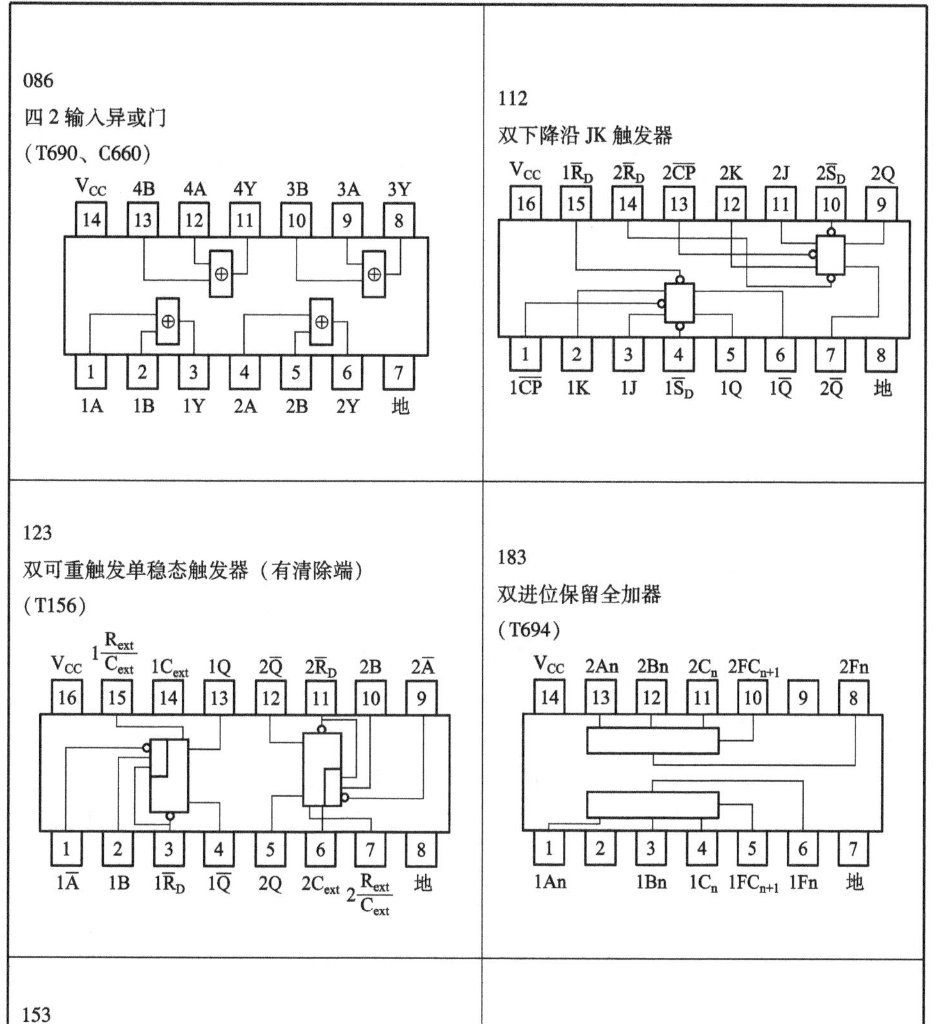
086
四 2 输入异或门
(T690、C660)
VCC 4B 4A 4Y 3B 3A 3Y
14 13 12 11 10 9 8
1 2 3 4 5 6 7
1A 1B 1Y 2A 2B 2Y 地
112
双下降沿 JK 触发器
VCC 1R̄D 2R̄D 2C̄P̄ 2K 2J 2S̄D 2Q
16 15 14 13 12 11 10 9
1 2 3 4 5 6 7 8
1C̄P̄ 1K 1J 1S̄D 1Q 1Q̄ 2Q̄ 地
123
双可重触发单稳态触发器（有清除端）
(T156)
VCC 1Rext/Cext 1Cext 1Q 2Q̄ 2R̄D 2B 2Ā
16 15 14 13 12 11 10 9
1 2 3 4 5 6 7 8
1Ā 1B 1R̄D 1Q̄ 2Q 2Cext 2Rext/Cext 地
183
双进位保留全加器
(T694)
VCC 2An 2Bn 2Cn 2FCn+1 2Fn
14 13 12 11 10 9 8
1 2 3 4 5 6 7
1An 1Bn 1Cn 1FCn+1 1Fn 地

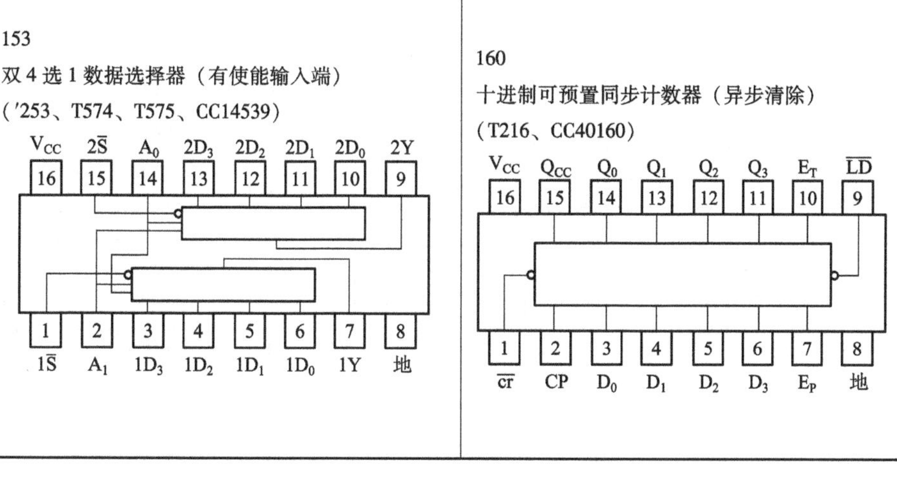
153
双 4 选 1 数据选择器（有使能输入端）
('253、T574、T575、CC14539)
VCC 2S̄ A0 2D3 2D2 2D1 2D0 2Y
16 15 14 13 12 11 10 9
1 2 3 4 5 6 7 8
1S̄ A1 1D3 1D2 1D1 1D0 1Y 地
160
十进制可预置同步计数器（异步清除）
(T216、CC40160)
VCC QCC Q0 Q1 Q2 Q3 ET L̄D̄
16 15 14 13 12 11 10 9
1 2 3 4 5 6 7 8
c̄r̄ CP D0 D1 D2 D3 EP 地

续表

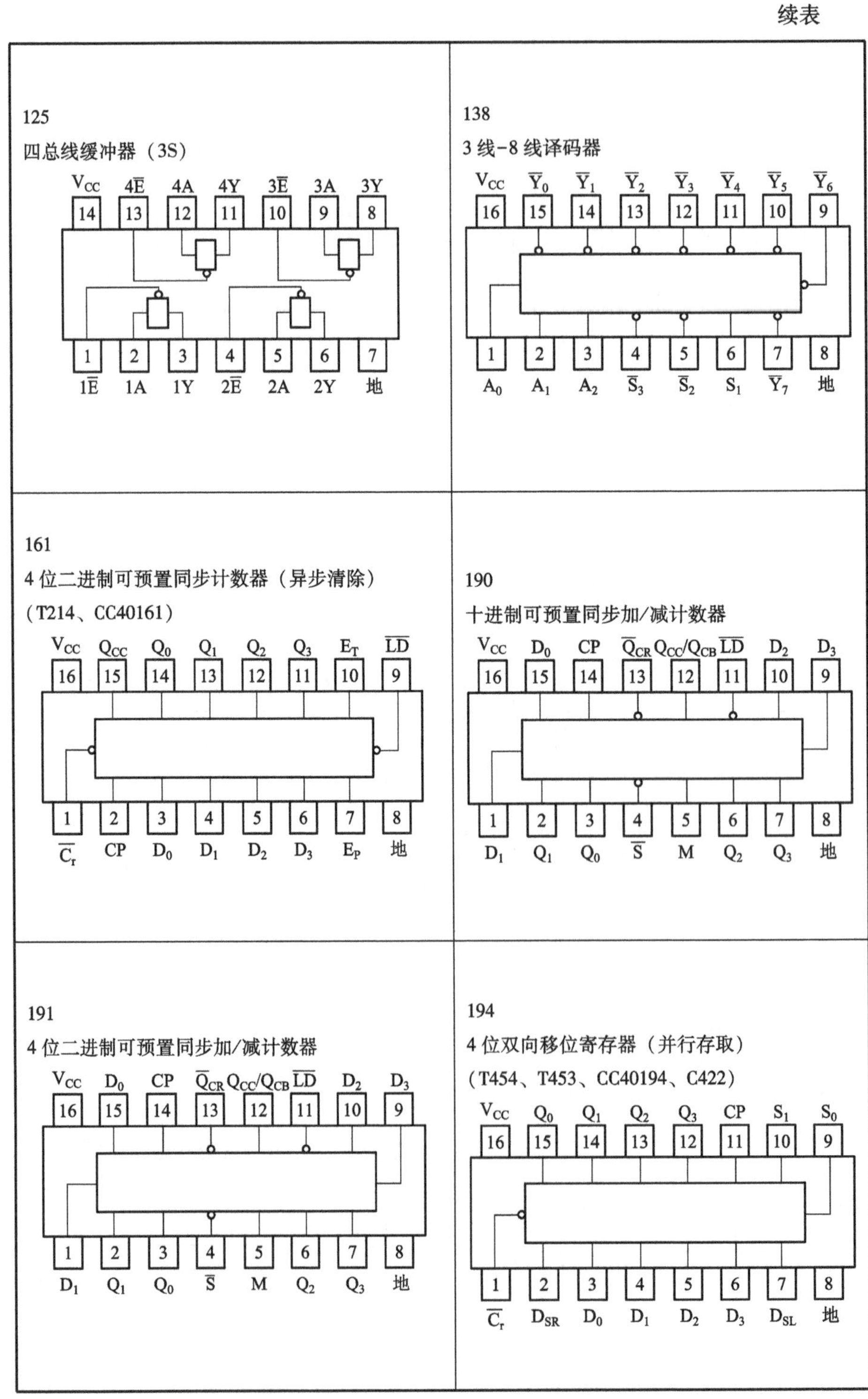

125
四总线缓冲器（3S）
VCC 4E 4A 4Y 3E 3A 3Y
14 13 12 11 10 9 8
1 2 3 4 5 6 7
1E 1A 1Y 2E 2A 2Y 地
138
3 线-8 线译码器
VCC Y0 Y1 Y2 Y3 Y4 Y5 Y6
16 15 14 13 12 11 10 9
1 2 3 4 5 6 7 8
A0 A1 A2 S3 S2 S1 Y7 地
161
4 位二进制可预置同步计数器（异步清除）
（T214、CC40161）
VCC QCC Q0 Q1 Q2 Q3 ET LD
16 15 14 13 12 11 10 9
1 2 3 4 5 6 7 8
Cr CP D0 D1 D2 D3 EP 地
190
十进制可预置同步加/减计数器
VCC D0 CP QCR QCC/QCB LD D2 D3
16 15 14 13 12 11 10 9
1 2 3 4 5 6 7 8
D1 Q1 Q0 S M Q2 Q3 地
191
4 位二进制可预置同步加/减计数器
VCC D0 CP QCR QCC/QCB LD D2 D3
16 15 14 13 12 11 10 9
1 2 3 4 5 6 7 8
D1 Q1 Q0 S M Q2 Q3 地
194
4 位双向移位寄存器（并行存取）
（T454、T453、CC40194、C422）
VCC Q0 Q1 Q2 Q3 CP S1 S0
16 15 14 13 12 11 10 9
1 2 3 4 5 6 7 8
Cr DSR D0 D1 D2 D3 DSL 地

续表

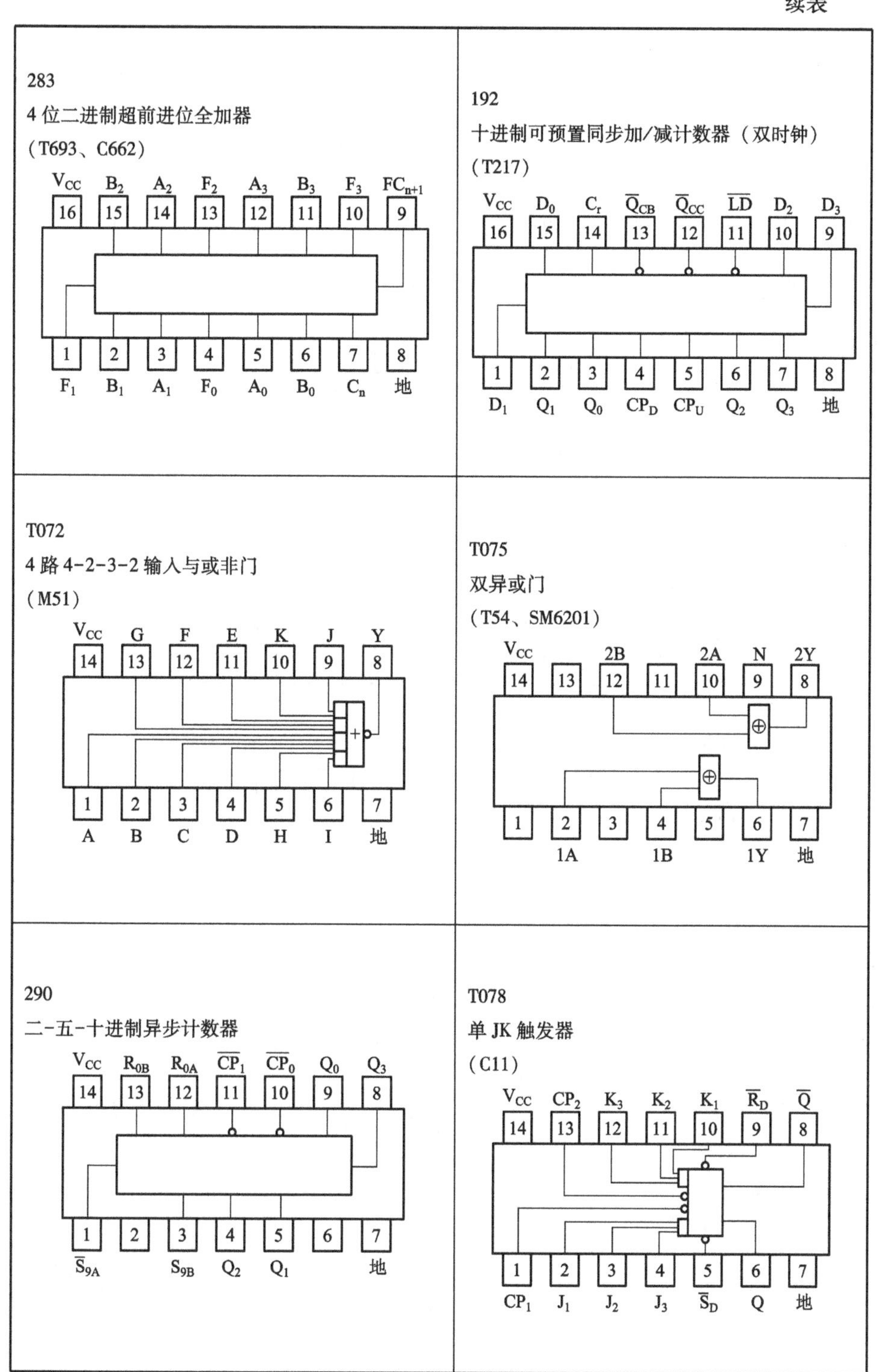
283
4 位二进制超前进位全加器
(T693、C662)
VCC B2 A2 F2 A3 B3 F3 FCn+1
16 15 14 13 12 11 10 9
1 2 3 4 5 6 7 8
F1 B1 A1 F0 A0 B0 Cn 地
192
十进制可预置同步加/减计数器（双时钟）
(T217)
VCC D0 Cr QCB QCC LD D2 D3
16 15 14 13 12 11 10 9
1 2 3 4 5 6 7 8
D1 Q1 Q0 CPD CPU Q2 Q3 地
T072
4 路 4-2-3-2 输入与或非门
(M51)
VCC G F E K J Y
14 13 12 11 10 9 8
1 2 3 4 5 6 7
A B C D H I 地
T075
双异或门
(T54、SM6201)
VCC 2B 2A N 2Y
14 13 12 11 10 9 8
1 2 3 4 5 6 7
1A 1B 1Y 地
290
二-五-十进制异步计数器
VCC R0B R0A CP1 CP0 Q0 Q3
14 13 12 11 10 9 8
1 2 3 4 5 6 7
S9A S9B Q2 Q1 地
T078
单 JK 触发器
(C11)
VCC CP2 K3 K2 K1 RD Q
14 13 12 11 10 9 8
1 2 3 4 5 6 7
CP1 J1 J2 J3 SD Q 地

续表

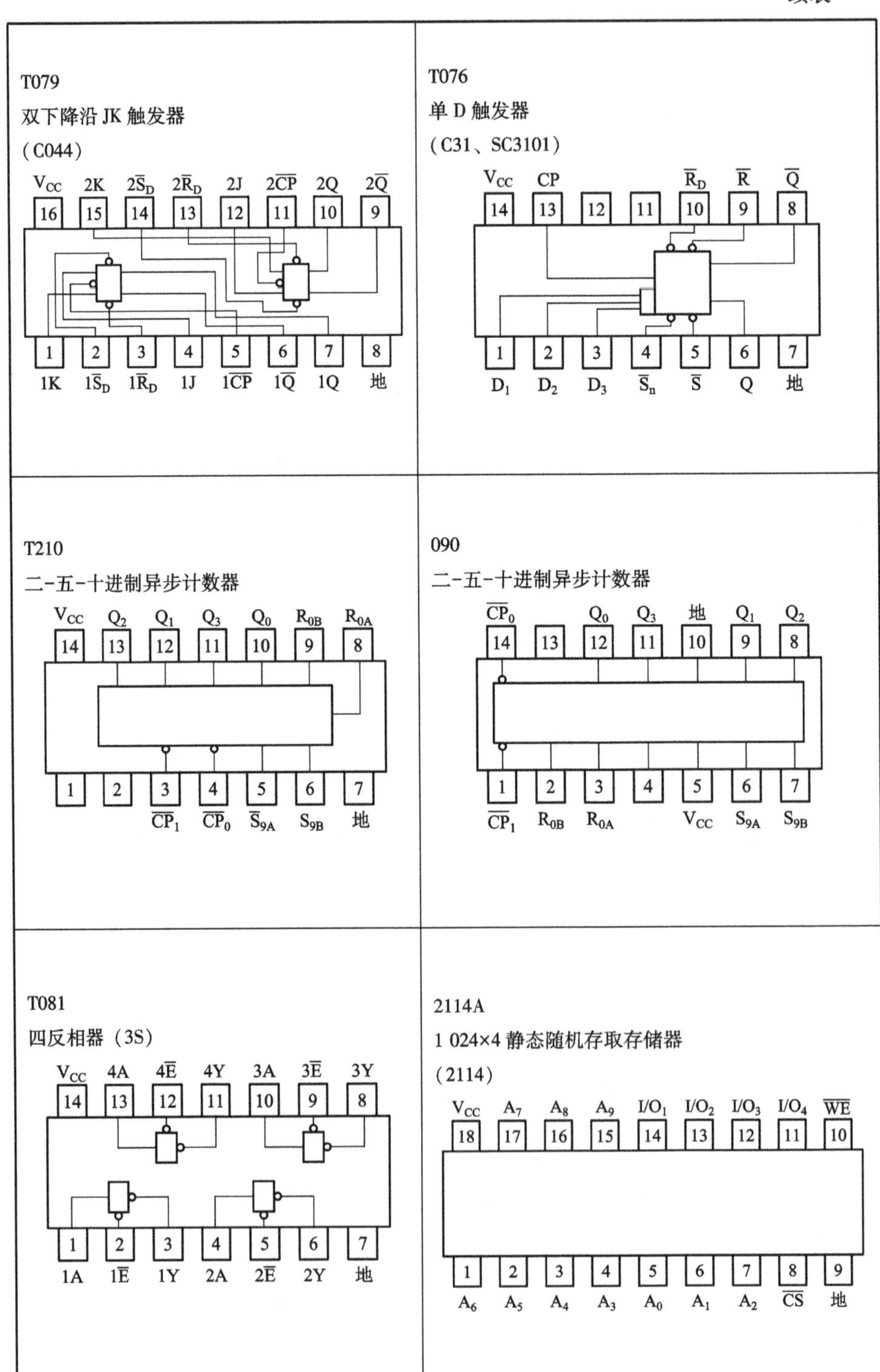
T079
双下降沿 JK 触发器
（C044）
V_{CC} 2K $2\overline{S}_D$ $2\overline{R}_D$ 2J $2\overline{CP}$ 2Q $2\overline{Q}$
16 15 14 13 12 11 10 9
1 2 3 4 5 6 7 8
1K $1\overline{S}_D$ $1\overline{R}_D$ 1J $1\overline{CP}$ $1\overline{Q}$ 1Q 地
T076
单 D 触发器
（C31、SC3101）
V_{CC} CP $\overline{R}_D$ $\overline{R}$ $\overline{Q}$
14 13 12 11 10 9 8
1 2 3 4 5 6 7
D_1 D_2 D_3 $\overline{S}_n$ $\overline{S}$ Q 地
T210
二-五-十进制异步计数器
V_{CC} Q_2 Q_1 Q_3 Q_0 R_{0B} R_{0A}
14 13 12 11 10 9 8
1 2 3 4 5 6 7
$\overline{CP}_1$ $\overline{CP}_0$ $\overline{S}_{9A}$ S_{9B} 地
090
二-五-十进制异步计数器
$\overline{CP}_0$ Q_0 Q_3 地 Q_1 Q_2
14 13 12 11 10 9 8
1 2 3 4 5 6 7
$\overline{CP}_1$ R_{0B} R_{0A} V_{CC} S_{9A} S_{9B}
T081
四反相器（3S）
V_{CC} 4A $4\overline{E}$ 4Y 3A $3\overline{E}$ 3Y
14 13 12 11 10 9 8
1 2 3 4 5 6 7
1A $1\overline{E}$ 1Y 2A $2\overline{E}$ 2Y 地
2114A
1 024×4 静态随机存取存储器
（2114）
V_{CC} A_7 A_8 A_9 I/O_1 I/O_2 I/O_3 I/O_4 $\overline{WE}$
18 17 16 15 14 13 12 11 10
1 2 3 4 5 6 7 8 9
A_6 A_5 A_4 A_3 A_0 A_1 A_2 $\overline{CS}$ 地

续表

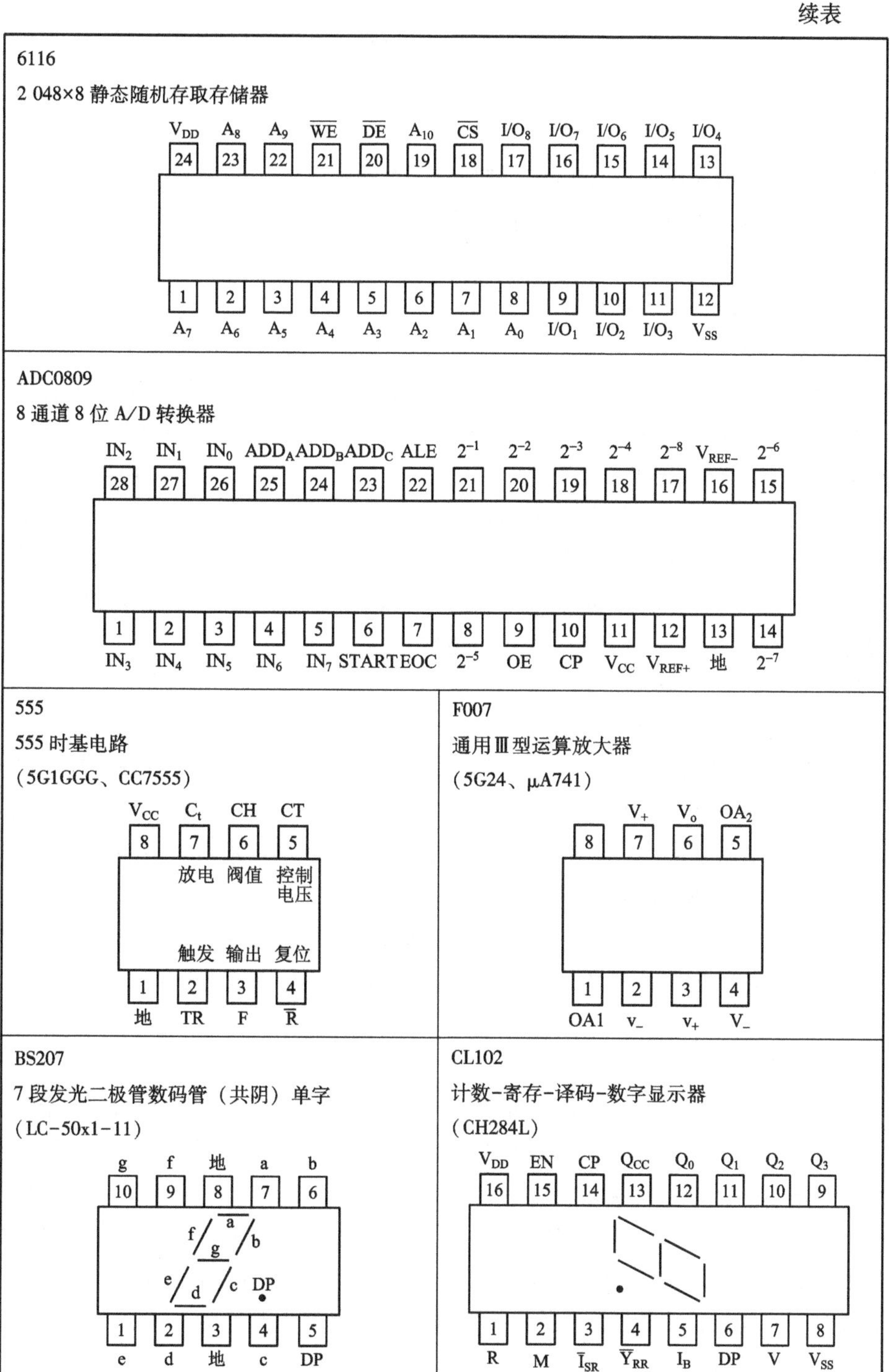

附图 1　常用集成电路引出端排列图

通用实验底板及其使用方法

数字电路实验广泛使用各种逻辑实验箱或实验底板，它们的结构大同小异。我们实验所使用的是 YB3262 型数字电路实验箱，实验箱的中间有 3 块插座板，上方有 8 路发光二极管逻辑电平指示器，下方有 8 只数据开关，右上角是电源接线柱。

通用实验底板及其使用方法：

1. 插座板

插座板使用的是面包板，它是实验板的主要部分，实验时使用的所有器件都在面包板上连接插线，实现各种电路功能。每块面包板中央有一凹槽，凹槽两边各有 59 列小孔，每 1 列的 5 个小孔在电气上相互连通，相当于一个结点；列与列之间在电气上互不相通。每一个小孔内允许插入一个元件引脚或一条导线。面包板的上、下两边各有一排（50 个小孔），每排小孔分为若干段（一般是 2~3 段），每段内部在电气上相互连通。实验底板通过外部接线将各段连在一起，且将上排各孔与电源接线柱相连接，下排各孔与地线接线柱相连接。

2. LED 逻辑电平指示器

使用 LED 逻辑电平指示器。被测信号从 Z 点输入，当被测信号是高电平时，LED 点亮；当被测信号是低电平时，LED 将熄灭。通常使用的 LED，其正向工作压降为 2 V，工作电流 5~10 mA。从减少电平指示器对被测电路的影响来考虑，直接驱动电路是不适宜的。

实验底板上 8 路 LED 电平指示器的驱动电路，已经装入底板内，使用 1 只 8 孔插座作为被测信号的 Z 输入端，插孔与 LED 在位置上自左向右依次一一对应。

3. 数据开关

数据开关是利用手动的机械开关，为实验提供 0 或 1 信号的装置。1 个数据开关可以同时提供 2 个互补的逻辑值，因此 8 个开关需要有 2 只 8 孔插座，以便输出 16 个信号。在插座上，每 2 个相邻孔成为 1 对，输出 1 个开关提供的 1 对互补信号，开关与每对插孔的位置，自左向右依次对应。实验约定：每 1 对插孔中，左边孔为原变量输出，右边孔为反变量输出。那么当开关向上扳时，原变量输出为 1，开关向下扳时，原变量输出为 0。

4. 集成电路

实验板上使用双列直插结构的集成电路，两排引脚分别插在面包板中间凹槽上下两侧的小孔中。在插拔集成电路时要非常小心：插入时，要使所有集成电路的引脚对准小孔，均匀用力插入；拔出时，必须用专门的拔钳，向正上方均匀用力地拔出，以免因受力不均匀而使引脚弯曲或断裂。为了防止在插拔过程中使集成电路受损，可以把集成电路预先插在相同引脚数的插座上，把连有插座的集成电路作为一个整体在面包板上使用，插拔就较为方便。

在整个实验板上，元件布局要合理。所有集成电路应以同一正方向插入，有利于电路布线和故障检查。为了缩短外接导线长度，而把集成电路倒插是不合适的。其他各种器件也应排列有序、位置合理。

5. 布线

导线使用线径 0.5 mm 的塑料单股导线，要求线头剪成 45°斜口，使能方便地插入。线头剥线长度约为 8 mm，在使用时应能全部插入面包板。这样既能保证接触良好，又避免裸线部分露在外面，与其他导线短路。

布线是完成实验任务的重要环节，要求走线整齐、清楚，切忌混乱，并尽可能使用不同颜色的导线，以便区分。布线次序一般是先布电源线和地线，再布固定电平的规则线，最后按照信号流程逐级连接各逻辑控制线。切忌无次序连接，以免漏线。必要时还可以连接一部分电路，测试一部分电路，逐级进行。

导线应在集成电路块周围走线，切忌在集成块上方悬空跨过。应避免导线之间的互相交叉重叠，并注意不要过多地遮盖其他插孔，所有走线尽可能贴近面包板表面。在合理布线的前提下，导线尽可能短些。清楚和规则的布线，有利于实现电路功能，并为检查和排除电路故障提供方便。任何草率凌乱的接线，会给测试电路功能和检查与排除电路故障带来极大的困难，因此是不可取的。

参 考 文 献

[1] 赵秋娣，张洪臣，代燕，张瑜．电工电子技术实验教程［M］．北京：兵器工业出版社，2007.

[2] 雷勇，宋黎明．电工学实验［M］．北京：高等教育出版社，2009.